ÉTUDES AGRICOLES

SUR

LA DOMBES,

PAR

M. DUBOST,

Ingénieur draineur du département de l'Ain,
Membre de la Société impériale d'Emulation du même département.

PREMIÈRE PARTIE.

BOURG,

M. DUFOUR, | M. Francisque MARTIN,
IMPRIMEUR. | LIBRAIRE.

LYON,

M. GIRAUDIER, LIBRAIRE, PLACE BELLECOUR, 8.

1859.

ÉTUDES AGRICOLES

SUR

LA DOMBES.

ÉTUDES AGRICOLES

SUR

LA DOMBES,

PAR

M. DUBOST,

Ingénieur draineur du département de l'Ain,
Membre de la Société impériale d'Emulation du même département.

PREMIÈRE PARTIE.

BOURG,

M. DUFOUR, | M. Francisque MARTIN.
IMPRIMEUR. | LIBRAIRE.

LYON,

M. GIRAUDIER, LIBRAIRE, PLACE BELLECOUR, 8.

—

1859.

A MONSIEUR G. SEGAUD,

Préfet de l'Ain.

Monsieur le Préfet,

Vous avez appelé sur la Dombes la sollicitude de l'Empereur et les bienfaits de son gouvernement. En inscrivant votre nom sur la première page de ce livre, j'espère traduire la pensée et remplir le vœu de ceux qui attendent une solution à la question de la Dombes, et qui réclament le généreux concours de l'Etat pour que cette solution devienne aussi facile qu'elle doit être féconde.

Veuillez agréer, Monsieur le Préfet, l'hommage de mon dévouement à ce pays, l'expression de ma gratitude personnelle et l'assurance de mes très-respectueux sentiments.

DUBOST.

PRÉFACE.

Ce livre est le fruit d'une étude consciencieuse de la Dombes ; je n'ai rien négligé pour en faire la représentation exacte du pays d'étangs. Voilà pour les faits.

Quant à la doctrine, elle est celle des écrivains agricoles les plus réputés de nos jours, en tête desquels je dois placer M. Léonce de Lavergne, mon ancien professeur à l'Institut agronomique de Versailles, aujourd'hui membre de l'Institut.

Le lecteur ne trouvera certainement pas dans ces pages le double talent d'écrivain et de penseur, qui a valu une célébrité européenne à l'auteur de l'*Essai sur l'Economie rurale en Angleterre, en Ecosse et en Irlande ;* mais il y retrouvera peut-être un reflet de sa doctrine et comme un lointain écho de sa parole et de sa pensée. Tel était le rant la zône des prairies, s'est rapproché de la Saône pour venir en quelque sorte se baigner dans son lit; sur ses rampes boisées s'élèvent en amphithéâtre de gracieux villages et s'étagent de nombreuses villas, jusqu'à ce que, arrivé à son point culminant, il se coupe brusquement au centre de la Croix-Rousse, c'est-à-dire au cœur même de Lyon. — Les vertes prairies, les rideaux de peupliers, les troupeaux qui paissent, voilà la Bresse. — Le plateau qui s'élève en sens inverse du cours de la Saône, et qui étale sur ses rampes boisées des villages si riants et des maisons de campagne si élégantes, c'est le plateau de la Dombes.

Si, au lieu de suivre le chemin direct, le voyageur s'arrête à Mâcon et prend le chemin de fer de Lyon à Genève pour se rendre à Lyon en passant par Bourg et Ambérieu, c'est-à-dire en décrivant un demi-cercle, il laissera cette fois la Dombes à sa droite. Au-delà de Bourg, il trouvera le point culminant du parcours qu'il décrit, et redescendra ensuite pour couper la vallée de l'Ain et gagner celle du Rhône que côtoie, avant de s'engager dans les gorges pittoresques de Saint-Rambert, le chemin de fer de Lyon à Genève. D'Ambérieu à Lyon, la Dombes apparaîtra encore coupée à pic sur les bords de l'Ain et du Rhône, et s'exhaussant encore au fur et à mesure qu'on se rapproche de Lyon. Les maisons de campagne y sont toutefois plus rares que dans la vallée de la Saône; mais les gracieux villages n'y font pas défaut;

et, à part la plaine caillouteuse et nue de la Valbonne qui s'étend au pied du plateau, de riches cultures et de vertes prairies s'y font partout remarquer.

Que le voyageur, séduit par les apparences, se laisse gagner par l'idée de traverser le pays dont il vient de faire le contour, qu'il franchisse les bords escarpés de ce plateau et pénètre à l'intérieur de la Dombes, quel triste tableau va succéder au riant aspect des vallées! Plus de prairies verdoyantes animées par de nombreux troupeaux; mais à leur place des flaques d'eau immenses où de chétifs animaux cherchent dans l'eau et dans la vase une chétive nourriture. Les cultures riches et variées ont fait place à de maigres récoltes, à des champs nus ou couverts de fougères et parsemés de loin en loin de quelques bouleaux aux feuilles déliées et pendantes. L'homme lui-même a pris le cachet du pays qu'il habite : la fièvre l'a rabougri et déformé; elle a imprimé sur son front le sceau de la pâleur et de la maladie. — Des villages, hélas! il n'en est guère; et, si loin que le regard puisse s'étendre, si loin que l'œil puisse apercevoir, il aura bientôt compté les demeures qui servent à l'habitation des hommes. La tristesse, la solitude, la fièvre et la misère, voilà la Dombes !

Et pourtant ce pays malsain a été autrefois salubre. Le désert d'aujourd'hui a renfermé des villages qui ont disparu et dont on ne sait même plus la place, des villes fortifiées qui ne sont plus que des villages. Les flaques d'eau qui couvrent le sol sont l'œuvre de l'homme. Le caractère de mélancolie et de tristesse du pays est lui-même factice ; la végétation y est naturellement active et vigoureuse, et le plateau est ondulé et sillonné de vallons qui en diversifient l'aspect et qui contribueraient partout ailleurs à l'embellissement du paysage. Ce sol, qui ne donne qu'un insuffisant produit en échange des sueurs du laboureur, en échange de sa santé et de sa vie, ce sol n'est pas frappé de stérilité native. Et la Dombes aujourd'hui si triste, si dépeuplée, si fiévreuse et si pauvre, touche à Lyon, c'est-à-dire à une agglomération de 300,000 âmes dont la consommation influe sur les pays voisins dans un rayon de plus de 100 kilomètres !

Quelle influence a donc pesé sur la Dombes ? quelle cause a empoisonné ce climat, a stérilisé ce sol, a semé en un mot sur cette surface de près de cent mille hectares, la tristesse, la dépopulation, la fièvre et la misère ? quel souffle de mort a passé par-là ?

C'est ce que je me propose d'examiner en détail durant le cours de ces études.

Je ne viens point, après tant d'autres, et poussé par un esprit de parti, faire aux étangs une guerre aveugle et systématique. J'ai étudié le pays, je l'ai parcouru dans tous les sens, j'ai analysé avec soin ses conditions de culture, j'ai lu avec attention la majeure partie des nombreux écrits publiés jusqu'à ce jour sur la Dombes, et j'ai dépouillé les documents statistiques officiels recueillis par l'administration dans ces dernières années. Tous les faits que j'ai puisés à ces diverses sources, je les réunis ici, je les expose et je les discute. Il peut se faire que dans une matière aussi controversée jusque là je n'aie pas le bonheur de convaincre tous les esprits, de réunir tous les suffrages, mais je puis attester que si je me suis trompé, c'est de bonne foi. Ce n'est point un pamphlet que j'ai voulu faire, c'est une étude.

La Dombes est, comme je viens de le dire, un plateau qui se détache de celui de la Bresse et qui va s'exhaussant à mesure qu'on avance vers Lyon, c'est-à-dire à mesure qu'on suit la direction générale des grands cours d'eau qui le bordent, savoir : la Saône à l'ouest, l'Ain à l'est, et le Rhône au midi.

Le point culminant du plateau n'est pas toutefois dans le voisinage immédiat de Lyon. Il se trouve vers le Montellier, entre Meximieux et Villars, c'est-à-dire à quelques kilomètres de la coupure méridionale de la Dombes. L'élévation de ce point central est de plus de 300 mètres au-dessus du niveau de la mer, et de 130 mètres environ au-dessus du Rhône, de la Saône et de l'Ain.

Il résulte de cette disposition topographique que, parmi les cours d'eau du plateau de la Dombes, ceux qui appartiennent aux bassins du Rhône et de l'Ain, comme la Sereine, le Longevent, le Toison, le Durlet, etc., n'ayant guère qu'un parcours de 10 à 12 kilomètres, ont une pente moyenne de plus d'un centimètre par mètre. Ceux qui se jettent dans la Saône, comme la Veyle, le Renom, le Moignans, la Chalaronne et l'Irance, suivent d'abord l'inclinaison générale du plateau, c'est-à-dire coulent du midi au nord avant de s'infléchir vers l'ouest. Ils ont une pente moins forte que ceux des autres bassins, par suite du parcours plus long qu'ils ont à faire pour se rendre dans la Saône. Mais cette pente est encore de près d'un millimètre par mètre sur la majeure partie de leur cours, c'est-à-dire une pente torrentielle.

Non-seulement la Dombes n'est pas dépourvue de pente pour l'écoulement de ses eaux, ce n'est pas davantage un pays plat, monotone et privé des accidents qui varient l'aspect général du paysage et peuvent contribuer à en rendre le séjour agréable. Chaque vallée principale se subdivise en vallées secondaires qui, elles-mêmes, se ramifient et font de la Dombes une succession d'ondulations aussi agréables à l'œil que favorables à la culture. Pour peu qu'on sorte des limites du pays d'étangs, rien n'est délicieux à voir comme certaines de ces vallées avec leur sommet boisé, leur ferme à mi-côteau et leur zône de prairies de chaque côté de la rivière. Mais dans l'intérieur du pays cette disposition si agréable à l'œil, si heureuse pour le développement des prairies par les facilités qu'elle offre à l'irrigation des versants, a été mise à profit pour la création d'un vaste réseau d'étangs.

Le régime hydraulique des vallées principales n'a pas été moins altéré par l'établissement de moulins sur quelques points du pays. Les dérivations de rivières et l'exhaussement des retenues au profit des usines ont plus ou moins transformé ces vallées en marais. — Des étangs et des marais, voilà donc la part de l'homme dans le régime actuel des eaux de la Dombes! Nous aurons à apprécier ultérieurement les funestes conséquences agricoles et économiques qui ont été le résultat de cette double création.

La nature géologique du plateau de la Dombes appartient à la formation que les géologues ont désignée sous le nom d'*alluvions anciennes de la Bresse.*

Suivant M. Elie de Beaumont, cette formation, qui repose immédiatement sur la mollasse marine, comprend le *conglomérat lacustre* et le *diluvium.*

Le conglomérat lacustre , qui s'étendrait des Alpes jusqu'à Lyon présente , comme caractère distinct, des cailloux roulés provenant de roches amphiboliques schisteuses et de quartzites.

Le diluvium superposé au conglomérat serait le produit d'un courant diluvien puissant. Il contient des blocs de roches alpines dont une partie ne se rencontre pas dans le dépôt lacustre , et pour le transport desquels il a fallu le développement de forces mécaniques immenses.

Les géologues lyonnais ont discuté les idées de M. Elie de Beaumont.

M. Emile Benoit, chargé de la carte agronomique et géologique de l'Ain, a repris cette théorie dans un mémoire récent (1) et l'a singulièrement élucidée.

Suivant ce géologue, le terrain de la Bresse, qu'il a étudié bien au-dessous de la mollasse dont on voit des affleurements au pied de quelques-uns des côteaux qui entourent Bourg, et dans la coupure méridionale du plateau de la Dombes entre Meximieux et Pont-d'Ain, le terrain de la Bresse ne doit plus être rapporté exclusivement à la formation supérieure des terrains tertiaires. Le terrain tertiaire inférieur ou *éocène* y serait représenté par des couches d'argile inférieures à la mollasse et des dépôts de minerai de fer sidérolitique; le terrain tertiaire moyen ou *miocène* y serait représenté par la mollasse marine ou d'eau douce et par les marnes à lignite; et le terrain tertiaire supérieur ou *pliocène* par des dépôts erratiques et le *limon jaune,* ou *diluvium* ou *terre à pisé.*

Quoiqu'il en soit de cette théorie dont nous ne voulons pas contester l'importance au point de vue de la science géologique, la nature et les propriétés des couches qui forment le sol de la Dombes, nous importent

(1) Bulletin de la Société géologique de France, 2ᵉ série, tome xv, page 345.

plus au point de vue agricole que leur détermination scientifique et leur classification. A ce point de vue, M. Pouriau, professeur des sciences physiques à l'Ecole impériale d'agriculture de la Saulsaie, a publié récemment un travail important (1) et qui va nous servir de guide pour l'étude des sols de la Dombes.

Les couches principales observées par M. Pouriau dans la partie centrale de la Dombes sont les suivantes, en allant de haut en bas :

1° Diluvium supérieur ou terre à pisé ;

2° Couche ferrugineuse à quartzites ;

3° Couche perméable à cailloux roulés et empâtés dans un sable micacé et calcaire.

Nous allons passer rapidement en revue chacune de ces couches, dont nous emprunterons la description quelquefois textuelle au travail de M. Pouriau.

La première division est de beaucoup la plus importante : le diluvium forme la majeure partie du sol de la Dombes.

Les terres diluviennes présentent deux teintes différentes, suivant la proportion plus ou moins grande de fer qu'elles contiennent : les unes ont un aspect brun-jaunâtre à l'état humide ; les autres, moins fer-

(1) Etudes géologiques, chimiques et agronomiques des sols de la Bresse et de la Dombes. — Lyon, 1858. (Thèse pour le doctorat ès-sciences physiques.)

rugineuses, ont une teinte plus claire, et forment ce qu'on appelle le *terrain blanc* de la Dombes.

Le sol arable a dans ces terres une épaisseur moyenne de 30 centimètres.

Il est formé par un mélange intime de silice, d'alumine et de peroxyde de fer. La ténuité de ces éléments est extrême. Au lavage mécanique, 90 parties sur 100 sont entraînées par les eaux.

D'un très-grand nombre d'analyses exécutées par M. Pouriau, il résulte que la proportion de silice contenue dans les parties ténues du sol, dans celles qui ont passé au lavage mécanique, est de 86 pour 100 environ du poids de la terre calcinée à 300 degrés; celle d'alumine, 7 pour 100, et celle de fer 6 pour 100. Il y a en outre 1 pour 100 environ, tant en carbonate de chaux qu'en carbonate de magnésie. Cette composition indique clairement que le sol de la Dombes n'est pas un sol argileux. Qu'on suppose toute l'alumine combinée à la silice, et qu'en dehors du poids de l'argile ainsi obtenue, on tienne compte du poids de peroxyde de fer et des carbonates terreux, on trouvera que le sol diluvien doit contenir encore plus de 70 pour 100 de silice pure. Un terrain de cette nature, dit avec raison M. Pouriau, n'est pas un terrain argileux, c'est tout au plus un terrain silicéo-argileux.

Le sous-sol des terres diluviennes est marbré de veines jaunes de peroxyde de fer hydraté; et on y distingue ce que les gens du pays appellent des *têtes de clous*. Ce sont des grains ferrugineux à base organique et de formation actuelle.

La proportion des matières organiques contenues dans le sous-sol diluvien est en effet considérable, et se rapproche très-sensiblement, d'après les nombreuses analyses de M. Pouriau, de la proportion de ces matières dans la couche arable. Ce fait est d'une haute importance et explique ce que l'expérience avait déjà démontré, que les labours profonds et les défoncements peuvent se pratiquer plus fructueusement en Dombes qu'ailleurs : la quantité de fumier nécessaire pour saturer le sous-sol ramené à la surface, y est moins considérable que dans d'autres terrains, grâce à cette circonstance.

La composition du sous-sol diffère peu de la composition du sol arable. Cependant la ténuité des éléments minéraux y est encore plus grande; la proportion des parties entraînées au lavage mécanique y est plus considérable. Sous l'action des pluies, les éléments ténus du sol sont venus s'interposer dans les interstices du sous-sol. D'un autre côté, l'un des éléments ainsi entraînés par les eaux pluviales, le fer a dû se trouver en présence des acides résultant de la décomposition des matières organiques, et a formé ces têtes de clous qui marbrent la surface supérieure du sous-sol. Sous cette double influence, une légère modification soit dans la composition du sous-sol, soit dans ses propriétés physiques, s'est produite; la proportion de fer et d'alumine s'est élevée, et le sous-sol est devenu tassé ou plutôt compacte, et par suite plus ou moins imperméable.

La couche ferrugineuse à quartzites se retrouve, ainsi que la couche diluvienne, sur toute l'étendue du plateau de la Dombes. Sa puissance peut atteindre de 9 à 10 mètres.

Elle se compose d'un sol ferrugineux ayant beaucoup d'analogie avec le diluvium supérieur, et dans lequel sont empâtés des cailloux roulés dont quelques-uns peuvent atteindre le volume de trois ou quatre fois la tête d'un homme. Ces cailloux ne sont pas tous parfaitement arrondis, et n'offrent pas une identité absolue de forme et d'origine. Quelques-uns sont simplement striés; on y trouve des blocs de calcaire jurassique offrant des arêtes à peine effacées, et des cailloux silicéo-calcaires épuisés, c'est-à-dire réduits à l'état de tripoli par la disparition de l'élément calcaire qui n'a plus laissé qu'un squelette très-léger de silice.

La couche ferrugineuse à quartzites est d'ailleurs plus compacte et plus imperméable encore que ne l'est le diluvium. Elle sert d'assise immédiate à quelques étangs de la Dombes.

La couche à gravier perméable placée inférieurement à celle-ci paraît avoir une très-grande épaisseur. Elle est constituée par des graviers empâtés dans un sable blanc jaunâtre et non rougeâtre comme celui de la couche ferrugineuse. Ce sable est en outre micacé, calcaire, à grains ordinairement assez gros, et renferme des débris de roches très-diverses. Les cailloux y sont moins gros que dans la couche ferrugineuse, mais mieux roulés ; ils n'offrent ni gros blocs anguleux, ni cailloux simplement striés. Quant à leur nature, outre des quartzites, ce sont des calcaires noirs ou bleuâtres, en assez grande abondance, ainsi que des roches feldspathiques.

Cette couche a deux caractères remarquables : elle est perméable et calcaire. Malheureusement elle n'affleure à la surface du sol que dans la coupure des vallées principales, où sa présence se traduit par des sources qui viennent s'épanouir sur les côteaux et produire jusqu'au fond des vallées le développement des plantes humides. M. Pouriau a signalé sa présence sur la limite méridionale du pays d'étangs, à Ste-Croix. M. Puvis l'avait déjà signalée à Chalamont dans la vallée du Toison, et à Châtillon dans la vallée de la Chalaronne, où elle a été exploitée pour l'amendement du sol. La proportion d'élément calcaire qu'elle contient varie de 6 à 30 %.

Dans les étangs, soit qu'ils reposent sur le diluvium, soit qu'ils reposent sur la couche ferrugineuse à quartzites, le sol n'a pas une composition absolument identique à celui du plateau. Il est généralement plus argileux et plus riche en matières organiques ; il est également beaucoup plus profond. Cela tient à ce que les eaux pluviales ont entraîné et entraînent encore dans les vallées des alluvions qui ont augmenté l'épaisseur de la couche arable, et qui, par suite de la culture en eau, ont donné un développement considérable à la production des matières organiques. Les étangs sont d'ailleurs généralement très-perméables, au moins jusqu'à la profondeur d'un mètre.

Une des dernières erreurs qui aient été publiées sur la Dombes est celle qui est relative au *béton* des étangs. Les gens du pays donnent ce nom à la couche d'alluvions inférieure à la couche labourée tous les trois ans à la profondeur de 12 à 15 centimètres. Par suite d'un sentiment de répulsion pour les labours profonds, ils attachaient à cette dénomination une idée purement conventionnelle, et prétendaient que cette couche devait être tassée par le poids des eaux, tenace au labour, dure enfin comme du béton ou l'alios des Landes. Les derniers auteurs qui ont écrit sur la Dombes, notamment M. Puvis, ont admis sans conteste l'existence de ce béton, et en ont fait un des principaux obstacles au desséchement. J'ai cherché vainement ce béton dans de nombreuses fouilles pratiquées à tous les moments de l'année dans plus de 50 étangs de la Dombes; je n'ai trouvé partout qu'une couche plus ou moins épaisse d'alluvions très-perméables et dans laquelle tous les travaux agricoles, labours profonds, drainage, etc., se pratiquent plus facilement et à meilleur marché qu'ailleurs. Le béton des étangs, avec la signification qu'on lui a donnée, notamment dans le rapport de la Commission d'enquête de 1839 , n'existe pas.

Le diluvium et en général les sols à éléments ténus bien que siliceux se comportent le plus souvent comme les terres argileuses. Ils absorbent pendant les pluies et durant l'hiver une très-grande quantité d'eau, et lorsqu'ils la perdent par l'évaporation sous l'action des chaleurs de l'été, ils se resserrent et se contractent en formant une espèce de brique. Mais après cette première contraction, la prolongation de la sécheresse les émiette.

Les semailles doivent se faire de bonne heure dans le sol de la Dombes. Il faut que le blé ait acquis une certaine vigueur avant les gelées de l'hiver. Si l'automne trop pluvieux ne permet pas d'effectuer les semailles dans de bonnes conditions, on peut, comme on le fait déjà sur certains points du pays, avoir recours aux semailles de blé de mars.

Le sol diluvien et le sol ferrugineux à quartzites, qui sont les deux sols dominants en Dombes, ceux qu'on rencontre presque exclusivement sur le plateau, sont, comme je l'ai dit, peu perméables, c'est-à-dire ne laissent que difficilement filtrer l'eau à leur intérieur, la retiennent à la surface jusqu'à ce que l'évaporation la fasse disparaître. Ce sont, par conséquent, des sols humides à la surface, froids, lents à s'échauffer aux premières chaleurs du printemps. La végétation y est plus tardive.

Pour atténuer autant que possible les effets de cette humidité, le sol a été de temps immémorial disposé de façon à donner aux eaux de superficie un écoulement facile et prompt. La culture s'y pratique en *billons*, c'est-à-dire en planches étroites et bombées, de 1 mètre environ de largeur, disposées suivant l'inclinaison générale du sol. Perpendiculairement à cette direction, les champs sont coupés par des *chaintres* ou dépressions larges de 1 à 2 mètres, et établies de distance en distance pour recevoir les eaux provenant des raies qui séparent les billons, et les verser à leur tour dans des fossés placés latéralement et auxquels on a donné le nom de *baragnons*. L'espace compris entre deux chaintres, et représenté par la longueur des billons, est lui-même bombé en son centre au moyen des terres relevées dans les chaintres et transportées ou rejetées au milieu. Tout le sol est ainsi divisé par cases spéciales ayant leur centre plus élevé, et versant de là leurs eaux sur deux côtés.

Cette disposition topographique se rencontre surtout dans la partie nord de la Dombes et dans la Bresse proprement dite, où le sol plus argileux et surtout plus sourceux a besoin d'un système d'assèchement plus complet. Dans la partie méridionale de la Dombes, quelques chaintres à l'extrémité de chaque champ suffisent d'habitude ou tout au moins sont jugées suffisantes.

Le drainage est un remède bien autrement puissant pour combattre l'humidité dans le sol. Mais en fait de drainage, il faut distinguer la possibilité et l'utilité.

Contrairement à ce qui est admis le plus généralement, la possibilité du drainage résulte avant tout de la perméabilité du sol jusqu'à la profondeur où le drainage est établi. Ce n'est qu'en vertu de cette perméabilité que les eaux de la couche arable peuvent pénétrer dans le sous-sol et gagner les tuyaux qui doivent les éconduire. Dans un terrain absolument imperméable, le drainage ne peut donc produire aucun effet : l'écoulement des eaux et par conséquent l'assèchement de la surface y est sensiblement nul. Le sol ferrugineux à quartzites est fréquemment dans ce cas : il présente souvent un sous-sol compacte comme du béton et absolument imperméable. Un drainage pratiqué dans cette couche aux environs de Bourg a été très-coûteux et n'a produit aucun résultat; sans que les drains aient été obstrués par une cause quelconque, il n'en est pas sorti la moindre quantité d'eau.

Le sol diluvien est généralement moins imperméable. Les veines ferrugineuses dont il est sillonné laissent suinter l'humidité d'une façon très-apparente, lorsqu'on vient à ouvrir une tranchée dans ce sol en temps humide. Les eaux de la surface peuvent dès lors gagner les tuyaux et s'écouler au dehors. Le drainage y est le plus généralement possible, quoique à des degrés divers.

Cette possibilité d'ailleurs admise, il reste à se demander quel sera le résultat de l'opération, si l'excédant de produit sera en rapport avec la dépense. Or on sait que, dans des conditions de sol et d'humidité identiques, l'effet du drainage peut être très-variable et qu'il est intimement subordonné à la richesse de la culture. Indépendamment de la question de sol et d'humidité, le drainage vaut ce que la culture le fait valoir. Avec un système de culture avancé, l'écoulement par les drains d'une quantité d'eau déterminée se traduira par un accroissement de récolte qui peut être très-considérable. Avec le système le plus généralement suivi en Dombes, jachère et céréales, l'accroissement de récolte, qui aura deux années d'intérêt et d'amortissement à payer, sera d'autant plus faible que la fumure aura été moins forte ; et il arrivera le plus souvent qu'il ne pourra pas payer à un taux suffisamment rémunérateur l'intérêt du capital consacré à l'amélioration. L'expérience est venue le démontrer du reste pour la Dombes. Les terrains où le drainage a le mieux réussi sont les *verchères* ou terres attenantes aux maisons d'habitation, les terres des domaines où la culture dispose d'une quotité annuelle de fumure un peu élevée, et surtout les étangs. Outre que le sol dans les étangs est le plus généralement très-perméable jusqu'à la profondeur d'un mètre, il contient encore une masse plus grande de matières organiques que le drainage permet d'utiliser au profit de la végétation. Aussi, pour tous les essais entrepris jusqu'à ce jour dans les étangs de la Dombes, on peut dire que le drainage a réussi au-delà des espérances.

Il en est de même pour les prés de fond de vallée. En raison de la perméabilité du sol et de sa richesse en matières organiques, le drainage y a été facile, peu coûteux et a donné de bons résultats.

Ainsi, sauf les terres à sous-sol de gravier ferrugineux, le drainage est presque partout possible en Dombes; et il est immédiatement avantageux dans les prés marécageux des vallées, dans les étangs et dans une certaine partie des terres diluviennes. Le progrès de la culture aura pour effet de le rendre à peu près partout utile, en le rendant partout avantageux.

J'ajouterai que, dans les sols absolument imperméables, les défoncements, à défaut du drainage, apporteront une notable amélioration à l'état actuel des choses.

L'humidité du sol pourra donc être partout, en Dombes, combattue avec succès.

Reste une question importante pour le sol de la Dombes, la question de la chaux.

On sait que l'élément calcaire, indispensable au développement des végétaux, se rencontre en plus ou moins grande abondance dans tous les terrains. Les analyses de M. Pouriau ont démontré que le sol de la Dombes en contient une dose très-faible, il est vrai, mais suffisante dans une certaine limite aux besoins de la végétation. Mais pour dépasser cette limite et accroître les produits, il est nécessaire, ainsi qu'une vaste expérience l'a démontré, de fournir directement l'élément calcaire au sol de la Dombes.

La couche à gravier calcaire, qui contient surtout dans sa partie inférieure jusqu'à 30 % de carbonate de chaux, peut être utilisée pour le marnage des terres, dans le voisinage de ses points d'affleurement. Entre les cultivateurs qui ont le mieux réussi en Dombes, deux, M. Pingeon à Chalamont, et M. Perrusset à Chanoz-Chatenay, ont exploité cette couche, l'un dans la vallée du Toison et l'autre dans la vallée de l'Irance, et en ont fait, comme nous le verrons plus tard, un instrument puissant d'amélioration et de fortune. Malheureusement cette couche n'a été signalée jusqu'ici en affleurement que dans la coupure des vallées principales et sur la limite même de la région des étangs.

Mais la marne, outre qu'elle est rare en Dombes ou tout au moins peu facilement exploitable, est encombrante et d'un transport difficile. La chaux, au contraire, apporte au sol l'élément calcaire sous son volume et son poids les plus réduits; le transport en est beaucoup moins coûteux et peut dès lors s'opérer à de plus grandes distances.

Or la Dombes est entourée, sur trois de ses côtés, de pays calcaires où la chaux se fabrique avec activité pour l'exportation. Jusqu'à ces dernières années, les fabriques échelonnées sur les bords de la Saône, celles de Thil dans la partie méridionale, celles de Varambou, de la Chapelle et de Bourg à l'est, avaient eu le privilége de produire la chaux pour la Dombes, et la vendaient généralement, prise au sortir du four, de 1 fr. 50 c. à 1 fr. 75 c. l'hectolitre. Mais l'ouverture du chemin de fer de Lyon à Genève a déjà modifié sur quelques points ces conditions de prix. Une usine importante des environs de Mâcon livre aujourd'hui la chaux, dans les gares de Vonnas et de Mézériat, au nord de la Dombes, au prix de 1 fr. 20 c. l'hectolitre. Elle possède des dépôts à Neuville-sur-Renom et à Châtillon-sur-Chalaronne. La chaux coûte 1 fr. 30 c. dans le premier de ces dépôts, et 1 fr. 40 c. dans le second.

On fabrique d'ailleurs fréquemment, et surtout sur la lisière de la Dombes d'étangs, la chaux sur place. Des cultivateurs, au retour des marchés voisins, emmènent par contre-voiture de la pierre calcaire; ils construisent des fours temporaires et cuisent la chaux en utilisant les bois du pays. Lorsqu'ils ont prélevé la quantité qui leur est nécessaire, ils vendent le reste à leurs voisins, au prix de 1 fr. 50 c. à 2 fr. l'hectolitre.

La quantité de chaux employée généralement dans les terres varie de 25 à 50 hectolitres par hectare.

Dans les étangs, la proportion est un peu plus forte et peut aller jusqu'à cent hectolitres.

On a calculé qu'il s'importe annuellement en Dombes plus de 100,000 hectolitres de chaux. C'est cinq à six fois moins qu'il ne faudrait.

Il ne faut pas perdre de vue d'ailleurs que la chaux, comme le drainage, comme toutes les améliorations considérées isolément, n'est pas tout en agriculture. En dehors du rôle spécial qu'elle joue comme aliment direct de certains végétaux, et notamment des légumineuses, la chaux doit être envisagée surtout comme un stimulant pour la dissolution rapide des matières organiques contenues dans le sol et pour leur absorption par les plantes. A ce point de vue, la chaux, pour ne pas épuiser le sol, pour ne pas entraîner de déceptions, exige forcément un changement dans les conditions de la culture. On peut dire que la chaux provoque dans le sol une activité de végétation, dont les effets sont en tous points comparables aux effets provoqués chez l'homme ou chez les animaux par l'activité du travail ou du mouvement. De même que les muscles s'affaiblissent, de même que la provision de graisse emmagasinée dans le tissu adipeux pour les besoins de la chaleur animale s'épuise, lorsqu'un surcroît de nourriture ne vient pas réparer les déperditions causées par le travail ou le mouvement, de même aussi la provision de matériaux organiques accumulés dans le sol pour les besoins de la végétation s'épuise et disparaît, lorsqu'un surcroît de fumure ne vient pas réparer les déperditions provoquées par la chaux. Dans les deux cas, il y a accroissement de besoins, et si la satisfaction reste la même, il y a forcément trouble et dérangement dans l'économie. Par un don merveilleux de la Providence, la chaux, qui augmente ainsi les besoins du sol, fournit en même temps la possibilité de satisfaire à ces nouveaux besoins. En rendant immédiatement possibles certaines cultures fourragères, notamment le trèfle, le chaulage contribue directement à l'accroissement des fourrages et par conséquent des fumiers. Mais cette faculté précieuse ne doit pas être négligée. Aggraver sans compensation les besoins du sol, chauler sans étendre la culture des fourrages et par conséquent sans augmenter la dose des fumures, c'est provoquer à bref délai l'épuisement du sol, c'est sacrifier l'avenir au présent. La chaux est une source féconde de richesse, lorsqu'on fait de son emploi la base d'une transformation agricole; ce n'est qu'un instrument de ruine, lorsqu'elle n'a pas pour conséquence un changement dans les conditions de la culture.

Je dirai plus tard comment la question de la chaux n'a pas toujours été comprise en Dombes.

Si insuffisant qu'ait été jusqu'ici l'usage de la chaux en Dombes, si peu rationnel qu'y ait été son emploi, le chaulage y a néanmoins produit des effets incalculables, et l'on peut dire que depuis vingt ans il y a élevé moyennement la rente du sol de 5 à 6 fr. par hectare de superficie. La culture des fourrages artificiels était inconnue avant l'introduction du chaulage ; le trèfle et les vesces se propagent peu à peu depuis lors, beaucoup trop lentement; mais il est permis de croire que l'élan est donné, que le pas difficile est franchi. Le seigle était de beaucoup la céréale prédominante, le froment n'étant cultivé que dans les *verchères* et les meilleurs fonds d'étangs. Depuis l'extension des chaulages, le seigle a presque totalement disparu de la culture pour faire place au blé; il n'est plus cultivé, pour ainsi dire, que pour faire les liens des gerbes.

Quelques autres amendements sont encore usités en Dombes. Les cendres prennent la première place; elles s'emploient surtout dans les prés et dans les terres diluviennes non ferrugineuses, le terrain blanc de la Dombes.

Ainsi le sol de la Dombes a une profondeur moyenne de 30 centimètres. Il est d'une composition suffisamment riche en alumine, un peu faible en calcaire, et riche en silice et en fer. Le sous-sol, un peu plus argileux, un peu plus calcaire, est presque aussi riche que le sol en matières organiques. Les défoncements, si utiles pour la production, si nécessaires pour un système avancé de culture, s'y pratiqueront facilement, exigeront relativement peu d'engrais et auront encore pour résultat de corriger en grande partie les inconvénients de l'imperméabilité, là où cette imperméabilité trop absolue rend le drainage inutile et par conséquent impossible. Le drainage, dans les cas les plus ordinaires, y est dès aujourd'hui possible ; il y est avantageux sur une certaine surface, et il le deviendra à peu près partout avec un système perfectionné de culture. Le chaulage, pratiqué déjà dans toutes les communes de la Dombes, y a produit des effets manifestes : il a ouvert la voie à toutes les améliorations par la possibilité des cultures fourragères qui en a été la conséquence directe, et il a contribué d'une façon sensible à élever la production et la rente du sol. Avec de nouveaux progrès dans la culture, ses effets, comme ceux du drainage, iront en croissant d'intensité, en se multipliant en quelque sorte.

Les deux inconvénients réels du sol de la Dombes, l'humidité et l'absence de calcaire en proportion suffisante, ne sont donc pas irrémédiables.

La Dombes peut aspirer à tous les progrès que comportent les sols les mieux favorisés de la nature. Aucune limite n'est imposée à sa production.

CHAPITRE II

LE CLIMAT.

Les observations relatives au climat de la Dombes sont à la fois complètes et précises. Au nord-est de la Dombes, à Bourg, les faits climatériques ont été étudiés durant un grand nombre d'années par M. Jarrin père ; depuis 1852, M. Jarrin fils continue ces observations ; et, en outre de l'exactitude et du dévouement qu'il apporte dans ces arides travaux, il sait en présenter les résultats sous une forme à la fois précise et pittoresque, par conséquent attrayante. A l'extrémité méridionale de la Dombes, M. Pouriau, professeur à la Saulsaie, a également fait pendant plusieurs années des observations très-complètes. C'est en nous aidant de leurs travaux que nous allons passer en revue les caractères importants du climat de la Dombes.

La Dombes, à ce point de vue, fait partie de ce qu'on a appelé le climat rhodanien. Un grand écart des températures moyennes, des chaleurs intenses en été, des froids rigoureux en hiver, une énorme quantité d'eau pluviale, l'absence à peu près complète du vent du sud-ouest, la prédominance du vent du nord et la fréquence des orages : voilà les caractères principaux du climat rhodanien.

La température moyenne du climat de la Dombes est de 10 degrés environ, un peu plus à Bourg, un peu moins à la Saulsaie.

Le mois le plus chaud de l'année est le mois de juillet, dont la température moyenne est de près de 21 degrés.

Les deux mois les plus froids sont décembre et janvier.

L'amplitude des oscillations de température y est de 48 degrés (de — 15° à + 33°).

Les gelées tardives s'y produisent fréquemment au mois d'avril. Mais par suite de la culture spéciale de la Dombes, elles y sont beaucoup moins funestes que dans les pays environnants. La vigne, les arbres à fruits, les noyers, qui redoutent le plus ces gelées par suite de leur développement précoce, ne se rencontrent guère sur le plateau. Quelques champs de navette y sont seuls exposés, et rarement atteints.

Le vent dominant est le vent du nord. Il souffle en moyenne 143 jours de l'année. Les vents du sud se rangent après ceux du nord, en raison de leur fré-quence. Ils ont presque toujours pour résultat d'abaisser le baromètre et d'amener la pluie.

Les hâles ou vents secs sont assez communs en Dombes. S'ils se produisent au moment de la floraison, ils la contrarient, et il peut arriver qu'ils produisent un mal considérable.

Le nombre des jours pluvieux en Dombes est inférieur aux jours pluvieux du climat de Paris : il n'y a moyennement que 115 jours de pluie en Dombes. La quantité d'eau pluviale y est néanmoins presque le double de celle qui tombe annuellement à Paris. Elle est de 110 centimètres à Bourg, et de 90 centimètres à la Saulsaie, soit une moyenne de 1 mètre pour le point central de la région des étangs, situé, à peu de chose près, à égale distance de ces deux points d'observation.

Les mois les plus pluvieux de l'année sont les mois d'avril, de juin, de juillet, d'août, de septembre et d'octobre pour chacun desquels la quantité d'eau tombée dépasse 10 centimètres.

Le mois le moins pluvieux au contraire est le mois de décembre.

En répartissant par saison la quantité d'eau tombée annuellement dans le centre de la Dombes, on arrive aux chiffres suivants, un peu inférieurs aux chiffres fournis par **M. Jarrin**, un peu supérieurs à ceux trouvés par **M. Pouriau** :

Hiver (décembre, janvier, février)..... 160 mil.
Printemps (mars, avril, mai).......... 260
Été (juin, juillet, août)............. 280
Automne (septembre, octobre, novemb.).. 300

Total............... 1 mètre.

Si à ces chiffres l'on compare le chiffre indiquant l'évaporation dans les mêmes périodes, et tel qu'il résulte des observations de **M. Pouriau**, on a les résultats suivants :

Hiver............... 23 mil.
Printemps........... 173
Eté................. 372
Automne............ 96

Total....... 664 millimètres.

En hiver, 137 millimètres servent à alimenter les cours d'eau du pays : c'est une quotité de 1,370 mètres cubes par hectare de superficie en trois mois.

Au printemps, il ne coule dans les vallées que 87 millimètres, soit 870 mètres cubes par hectare de superficie.

En été, le chiffre de l'évaporation est plus grand que le chiffre d'eau pluviale ; il en résulte des sécheresses qui nuisent à la seconde coupe du trèfle, rendent les labours très-difficiles dans cette saison, et

l'ensemencement du colza, de la navette et du sarrasin plus ou moins impossible.

Enfin, en automne, la pluie reprend largement le
dessus; 204 millimètres d'eau, soit plus de 2,000 mètres cubes par hectare, échappent à l'évaporation et
alimentent les rivières du pays.

Il ne faudrait pas conclure de ces chiffres que les
rivières sont forcément à sec durant tout l'été en
Dombes, et que toute l'eau tombée est évaporée par la
chaleur. Les chiffres que nous avons cités tendent à établir que la faculté évaporatoire y est alors plus grande
que la pluie tombée, et que, si la répartition de cette
eau pluviale se faisait dans certaines conditions, elle
serait absorbée intégralement par l'évaporation. Mais
cette répartition n'étant point uniforme et proportionnelle à l'intensité de la chaleur, une partie des
eaux tombées va forcément, à certaines époques, alimenter les cours d'eau du pays. Par suite, les sécheresses augmentent d'autant.

J'ai dit quelques mots du drainage et de son application au sol de la Dombes, et je n'ai pas l'intention d'y
revenir en détail à propos du climat. Je me contenterai
de remarquer que, soit en donnant un écoulement
rapide à l'excès d'humidité dans les saisons pluvieuses,
soit en facilitant dans la couche drainée l'emmagasi-
nement d'une certaine quantité d'eau destinée à subvenir aux besoins de la nutrition des plantes et de
l'évaporation durant les sécheresses, le drainage doit

corriger en grande partie les inconvénients de la répartition des pluies en Dombes. A côté du drainage, il est d'ailleurs un autre point d'une très-grande importance et qui est tout-à-fait méconnu, c'est celui des abris.

Dans un pays où le sol boisé donne un revenu plus élevé que le sol en culture, et où la faculté évaporatoire est telle qu'elle produit quelquefois des sécheresses prolongées malgré une somme d'eau pluviale relativement considérable, il semble naturel de penser qu'on a dû de temps immémorial planter des bois et multiplier les abris, soit afin de se créer une source de produits sans frais de culture, soit afin de briser la violence des vents et de corriger ainsi, dans les limites du possible, les inconvénients et la longueur des sécheresses. Malheureusement il n'en est rien. De mémoire d'homme on défriche les bois en Dombes, et on y détruit les haies et les rideaux d'arbres qui protègent les cultures. Les plantations nouvelles y sont presque un phénomène, tant elles sont exceptionnelles; et par suite de je ne sais quelle aberration, c'est la partie la plus centrale de la Dombes d'étangs, celle qui est la plus pauvre, la plus élevée et par conséquent la plus accessible aux effets du vent, qui est aussi la plus déboisée, la plus privée d'abris et de plantations. D'immenses champs à labourer, à *mener à soleil*, suivant l'expression du pays, voilà ce que rêve le cultivateur dombiste; et les propriétaires qui, dans l'immense majorité des cas, n'ont pas compris jusque-là les intérêts du pays, laissent faire les cultivateurs et quelquefois prennent eux-mêmes l'initiative des défrichements et des déclôtures. Dans aucun pays que je sache, l'homme n'a moins qu'en Dombes lutté contre les inconvénients de la nature ou tiré parti de ses avantages. La suite de ces études ne sera qu'une longue et éclatante confirmation de cette vérité.

La répartition des eaux pluviales en Dombes présente encore un caractère que je ne dois pas omettre, parce qu'il a été souvent pour le pays, avant ces dernières années, une cause de ruine partielle et qu'il a exercé sur l'agriculture une influence désastreuse.

Les pluies de 30 millimètres en vingt-quatre heures ne sont pas rares en Dombes, et cette masse d'eau y avait pour résultat ordinaire de faire déborder les rivières.

Comme dans tous les pays dont les intérêts généraux ont été laissés en souffrance, les cours d'eau de la Dombes, soit par le défaut de curage d'entretien, soit par suite des plantations faites trop près des bords, avaient été déformés, rétrécis, et ne présentaient plus à l'écoulement de leurs eaux qu'un débouché irrégulier et insuffisant. Cette situation, qui avait pour résultat d'entretenir en temps normal une humidité constante dans les prairies des vallées principales, et de produire des inondations périodiques en temps pluvieux, était encore aggravée quelquefois par la rupture des chaussées d'étangs. Lorsque, par suite d'une pluie un peu considérable, l'eau des étangs a produit sur la chaussée une charge que celle-ci ne peut supporter, la rupture a lieu, et des avalanches d'eau se précipitent de bassin en bassin, d'étangs en étangs, entraînant tout sur leur passage. Arrivées dans les vallées principales, les cours d'eau de celles-ci, déjà insuffisants à écouler leurs eaux normales, ne pouvaient donner issue à ce surcroît imprévu, et il en résultait des inondations d'autant plus funestes qu'elles se produisaient dans une période plus rapprochée de l'époque de la fauchaison. Quelquefois même le fourrage des rares prairies de la Dombes n'était pas seul perdu ou notablement détérioré : les eaux envahissaient encore les terres et menaçaient même l'existence des villages placés dans les vallées en aval du pays d'étangs. La destruction d'une partie de la ville de Montluel et celle d'une partie de la ville de Châtillon-sur-Chalaronne ont été souvent imminentes par suite des débordements de la Sereine et de la Chalaronne, aggravés tout-à-coup par la rupture de chaussées d'étangs considérables appartenant à leurs bassins.

Alors même que, sous l'influence de pluies torrentielles, la rupture des chaussées d'étangs n'avait pas lieu très-fréquemment, le dommage produit par l'élévation subite de leurs eaux n'était souvent pas moins réel, bien qu'il ne fût pas toujours aussi étendu. Des propriétaires d'étangs avaient peu à peu et presque démesurément exhaussé le niveau de leurs chaussées. Les *esbies* latéraux ou déversoirs qui règlent la hauteur légale des étangs, et par conséquent leur périmètre, avaient été eux-mêmes élevés. Par suite, les eaux de l'étang se répandaient en dehors même de leur bassin naturel, et les cultures voisines étaient plus ou moins submergées, et par conséquent détruites ou détériorées, à l'époque des crues.

Inondations partielles dans le voisinage des étangs, submersion périodique des vallées principales par suite de l'insuffisance de leur débouché et de la rupture accidentelle des chaussées, telles étaient pour la Dombes les résultats inévitables des pluies de 30 millimètres en vingt-quatre heures; et ces résultats se traduisaient constamment pour la culture du pays par des pertes annuellement énormes.

Cet état de choses ne pouvait se prolonger davantage; et, à défaut des propriétaires, qui ne se sont jamais préoccupés qu'exceptionnellement des intérêts de la Dombes, il appartenait à l'administration, sous un gouvernement qui, à juste titre, tient à honneur de favoriser les progrès de l'agriculture, de porter remède à cette situation. La Dombes a été inscrite sur le budget de l'État, et un service spécial d'Ingénieur pour la Dombes a été organisé et fonctionne depuis quelques années. Entre autres travaux d'utilité générale qu'il a exécutés, et que j'aurai l'occasion de citer dans le cours de ces études, il a été chargé de l'instruction des affaires relatives à la réglementation des étangs et des usines, ainsi qu'au curage ou à l'amélioration des cours d'eau.

Sous l'impulsion de ce service et avec les encouragements de l'administration, quelques usines nuisibles aux propriétés riveraines ont été supprimées, la majeure partie des autres a été réglementée, le curage à vieux fond et à vieux bords a été entrepris et exécuté sur les cours d'eau les moins importants de la Dombes ; et enfin le redressement et l'élargissement des rivières principales se continuent encore aujourd'hui sur tous les points du pays sous la direction de nombreux syndicats dont quelques-uns ont été ou sont encore subventionnés par l'Etat.

L'effet de ces divers travaux sur la production agricole est déjà manifeste. S'il s'est produit des inondations dans ces dernières années, c'est sur les points où les curages et les travaux d'amélioration n'avaient pas eu lieu. Mais sur le passage des cours d'eau améliorés les inondations ont été nulles, et les pluies les plus excessives n'ont produit aucun dommage aux intérêts de la culture. Quelques années d'efforts encore, et, grâce à l'initiative et aux encouragements de l'administration, la Dombes aura triomphé pleinement des dangers que lui suscitaient naguère les pluies excessives qui forment une des particularités de son climat.

En dehors de la quotité et de la répartition des eaux

pluviales, leur richesse ammoniacale est importante à considérer en agriculture.

Voici, sous ce rapport, quelques chiffres résultant d'analyses faites par M. Bineau, professeur à la faculté des sciences de Lyon, et par M. Pouriau dont j'ai déjà plusieurs fois cité le nom à propos de travaux importants relatifs à la Dombes.

M. Bineau a analysé les eaux pluviales tombées à la Saulsaie en 1853, et a trouvé qu'elles contenaient par hectare de superficie 22 kilogrammes d'ammoniaque. — M. Pouriau a analysé les eaux tombées en 1855 (884 millim.), et a trouvé de 27 à 29 kilogrammes d'ammoniaque. C'est l'équivalent de 5 à 6,000 kilogrammes de fumier de ferme dosant 4 kilogrammes d'azote par 1,000 kilogrammes de fumier.

L'un et l'autre observateur ont constaté d'ailleurs que le *maximum* d'ammoniaque correspond aux mois d'août et de septembre, c'est-à-dire qu'il coïncide avec l'époque où les fièvres de la Dombes se développent dans toute leur intensité. La richesse ammoniacale des eaux pluviales paraît donc avoir une connexité étroite avec la question hygiénique, et il est impossible de ne pas être frappé de ce rapprochement.

Les eaux pluviales contiennent en outre, comme on sait, de l'acide nitrique qui se produit sous l'influence de l'état électrique de l'air, et se rencontre dès lors en plus grande abondance dans les eaux tombées à la suite des orages. D'après M. Pouriau, les eaux pluviales d'un hectare en Dombes contiennent de 6 à 7 kilog. d'acide nitrique, dosant 1,800 grammes d'azote, ou l'équivalent de 450 kilogr. de fumier.

Ainsi la quantité de pluie annuellement tombée en Dombes est relativement énorme, et la richesse ammoniacale des eaux pluviales y est considérable.

Il ressort de ces deux faits que l'utilisation des eaux pluviales peut se pratiquer sur une grande échelle et avec succès. Si l'on se souvient en outre que ces eaux tombent sur un sol peu perméable et mamelonné, on sera porté à penser que les prairies naturelles, soit en raison de la nature et de la configuration du sol, soit en raison de l'abondance et de la qualité des eaux pluviales, doivent avoir pris en Dombes un développement considérable. Malheureusement l'emplacement des prairies est occupé par les étangs, et les eaux pluviales de la Dombes sont consacrées presque exclusivement à leur alimentation.

La culture des étangs était autrefois entourée de priviléges destinés à favoriser leur création, et il était de droit public, suivant la coutume de Villars qui a longtemps régi la matière, que les eaux pluviales ou les eaux courantes appartenant au bassin d'un étang ne pouvaient être ni retenues ni utilisées au profit des fonds supérieurs, mais devaient se rendre le plus rapidement possible dans les dépressions occupées par les étangs. En droit, les eaux de la Dombes appartenaient aux étangs. Alors même que le Code Napoléon eût modifié cet état de choses, en s'abstenant de consacrer l'autorité des usages locaux en matière de servitudes, il n'aurait pu se faire encore jusque-là que fort peu de travaux en vue de l'aménagement et de l'utilisation des eaux de la Dombes. Les propriétaires d'étangs ont intérêt à alimenter ces étangs pendant qu'ils subsisteront ; leur existence implique donc forcément l'utilisation et l'absorption presque exclusive des eaux pluviales de la Dombes au profit de leur culture. En sorte que l'abondance des eaux de la Dombes, au lieu de servir au développement des prairies, et par conséquent au développement de la richesse agricole dont les prairies sont la condition et le signe, au moins avec une culture peu intensive, n'a servi qu'à multiplier les étangs, c'est-à-dire des foyers d'infection que la richesse ammoniacale des eaux pluviales rend plus pernicieux encore.

Le côté hygiénique de la Dombes n'est pas, en effet, le côté le moins douloureux de son climat. Dans ce malheureux pays, l'insalubrité a pris des proportions telles que la Dombes est encore aujourd'hui la terre classique de l'insalubrité.

La fièvre de la Dombes est une fièvre intermittente qui se déclare sur toute la surface du pays d'étangs et même dans quelques communes voisines, après les grandes chaleurs du mois de juillet. Elle règne avec intensité durant les mois d'août et de septembre, et disparaît le plus généralement pendant les mois d'octobre et de novembre.

Son intensité est variable d'une année à l'autre , et même d'une localité à l'autre dans la même année. Il n'est pas rare , dans certaines années, de trouver une commune ou un village dont tous les habitants en subissent les atteintes presque sans exception. Ainsi, en 1858, la commune de St-Paul-de-Varax, et le hameau de la Croix-St-André dépendant de la commune de St-André-de-Corcy , ont été intégralement la proie de la fièvre. Ainsi encore, en 1856, la commune de Servas fut vivement éprouvée, et dans trois domaines que nous visitâmes sur cette commune, dans les premiers jours d'octobre, tout le personnel, composé de trente à trente-cinq personnes , avait eu la fièvre sans exception, ou l'avait encore.

En moyenne, les deux cinquièmes de la population totale de la Dombes d'étangs , sont annuellement atteints, et l'on peut fixer à huit ou dix la moyenne des accès de chaque fièvreux.

L'insalubrité du climat ne se révèle pas d'ailleurs exclusivement par la fièvre intermittente. Les fièvres de diverses natures et d'autres maladies s'y joignent le plus fréquemment. Je dois dire aussi qu'un effet général de l'insalubrité est le développement exagéré des viscères abdominaux et notamment du foie et de la rate. Un teint pâle et livide, le ventre ballonné , tels sont les deux caractères constants de la population dombiste, ceux par lesquels l'insalubrité du climat se révèle de la manière la plus expressive aux regards de l'observateur.

Quelle est la cause de l'insalubrité en Dombes?

Nous avons vu que le mois le plus chaud de l'année est le mois de juillet, et que durant les mois de juin, juillet et août, l'évaporation en Dombes est beaucoup plus forte que la pluie. Il en résulte que quelque soin qu'on mette à recueillir les eaux pluviales, alors qu'elles ne sont pas immédiatement absorbées par le sol et qu'elles coulent à sa surface, les étangs se découvrent d'autant plus facilement et sur des surfaces d'autant plus étendues que leur bassin est moins nettement circonscrit, que leurs bords ont une pente plus douce, et que les chaussées perdent davantage. En moyenne, plus du quart de la superficie des étangs se trouve ainsi alternativement couvert d'eau et exposé à l'air et aux effets de la chaleur. Durant le séjour des eaux, des vases se sont déposées dans le bassin de l'étang; la brouille (*festuca fluitans*) et diverses végétations s'y sont développées, et lorsque ce bassin vient à se découvrir, ces plantes et cette vase entrent en fermentation sous l'influence de la chaleur, et les miasmes, dont on ne connaît pas au juste la nature, bien qu'on sache que c'est le produit de la décomposition d'êtres organiques, les miasmes se développent et se répandent dans l'air avec l'eau évaporée, le saturent, et vont ainsi porter dans la substance de l'homme le germe de la fièvre et des maladies.

Les étangs ne sont pas d'ailleurs les seuls foyers d'infection qui existent en Dombes. Toutes les vallées, avant les curages dont j'ai parlé, étaient plus ou moins marécageuses et par conséquent donnaient lieu au même développement de matières miasmatiques.

La fermentation des détritus organiques sous l'action successive de l'eau et de la chaleur, voilà donc la cause de la fièvre en Dombes.

Alors même que l'observation de tous les faits connus et recueillis dans les pays insalubres et affectés de fièvres intermittentes ne donnerait pas toute autorité à cette appréciation, l'expérience locale et les dernières recherches de la science dans le pays même suffiraient amplement pour la justifier avec certitude.

Et d'abord, il est d'expérience notoire que les fièvres se développent surtout aux mois d'août et de septembre, après la période des chaleurs intenses de juillet.

Il est également notoire que l'intensité de la fièvre, quelque capricieuse que paraisse sa marche, s'explique d'une manière très-rationnelle pour quiconque a observé les faits. Le voisinage d'un seul étang mis récemment en assec, ou d'une vallée marécageuse, ou d'un étang qui se découvre d'une façon exceptionnelle, suffit pour donner la fièvre à un groupe de maisons, à un village et quelquefois à une commune entière. Tout le monde en Dombes sait que le grand étang de Servas, placé au pied du village qui porte ce nom, y multiplie les fièvres dans les années sèches, et que la commune de Lent, qui n'a que peu d'étangs aujourd'hui, mais qui est placée dans le voisinage d'une vallée marécageuse et au nord de la Dombes, est une des plus fièvreuses du pays d'étangs. En thèse générale, plus les causes de fermentation putride agissent à proximité d'une habitation ou d'un village, plus aussi la fièvre se développe avec intensité dans cette habitation ou ce village. Telle est la loi invariable en Dombes comme dans tous les pays fiévreux.

Si la science n'a pas encore dit son dernier mot sur le mode d'action des produits miasmatiques résultant de la décomposition des matières organiques sous l'influence d'une forte chaleur, elle a du moins établi par des recherches récentes faites en Dombes que le principe morbide de la fièvre est un principe organique et azoté. Nous avons vu que les analyses d'eau pluviale de la Dombes faites par MM. Bineau et Pouriau ont mis en relief la coïncidence du *maximum* de matières ammoniacales dans ces eaux, et par conséquent dans l'atmosphère, avec la période du développement et de l'intensité des fièvres. M. Pouriau a en outre fait pendant plusieurs années des recherches ozonométriques qui ont confirmé ce rapprochement. Après les grandes chaleurs de l'été et alors que les fièvres commençaient à se déclarer, la coloration des papiers ozonométriques, très-intense en Dombes jusque-là, diminuait graduellement et finissait par disparaître, ce qui indique, comme on sait, une atmosphère chargée de composés organiques. L'air chargé de principes organiques azotés résultant de la décomposition des végétaux aqueux sous l'influence de la chaleur, voilà donc et pour le répéter, la cause de la fièvre en Dombes.

Si j'ai donné ces développements à une question jugée depuis longtemps, c'est que la cause de l'insalubrité en Dombes a fait l'objet de nombreuses discussions, et que certains défenseurs des étangs ont prétendu les absoudre complètement de toute influence sur la salubrité du pays. La question a d'ailleurs une telle importance pour la Dombes, l'insalubrité y pèse si lourdement sur les hommes et sur les choses, qu'il m'a paru nécessaire de rappeler au moins sommairement les idées acquises à ce sujet par l'expérience et par la science.

Nous devons reconnaître toutefois que, si le principe de la fièvre réside dans les émanations provenant des étangs mis à découvert ou des vallées marécageuses, ce principe n'agit pas toujours avec la même intensité dans des conditions identiques d'insalubrité, et que pour cette cause morbide, comme pour la plupart des causes morbides analogues, il y a des circonstances qui modifient son action, la favorisent ou lui font obstacle. Le tempérament est une de ces circonstances, et il en est de même du vêtement et de la nourriture. A ce dernier point de vue, toutes les habitudes du Dombiste sont à refaire. Les vêtements de laine seraient éminemment recommandables dans un pays où les transitions de température sont fréquemment brusques, et où l'air est plus ou moins imprégné d'émanations insalubres ; ils n'y sont pas en usage durant l'été. L'alimentation est plus défectueuse encore. Le cultivateur dombiste ne boit de vin ou d'eau-de-vie qu'au cabaret ; il n'en a jamais dans son ménage. Toute l'année il boit de l'eau, quelle qu'en soit la provenance ; lorsque la chaleur du jour l'a altéré, il boit celle des fossés ou celle des étangs, s'il n'a immédiatement de l'eau de puits à sa disposition. Ses aliments ne sont pas non plus suffisamment riches en matières azotées ; la viande, même celle de porc, ne paraît que très-rarement dans ses repas. Du pain et du fromage de qualité très-inférieure, voilà sa nourriture normale de l'année, à moins que le pain ne soit encore remplacé par des *gaudes* ou bouillies de maïs et des gaufres de sarrasin.

L'usage des vêtements de toile ou de coton et la mauvaise qualité de la nourriture ont pour résultat de relâcher la fibre, comme on dit en médecine, c'est-à-dire d'affaiblir l'activité des organes et de la peau, par conséquent de rendre l'homme plus impressionnable à l'action des agents extérieurs, de le prédisposer à la maladie et aux fièvres. Dans le choix des

vêtements du Dombiste, il n'y a qu'une habitude à
réformer, la différence de prix entre les vêtements de
laine et ceux de toile ou de coton étant aujourd'hui
peu sensible. Quant au changement de nourriture, la
question est beaucoup plus complexe : le Dombiste se
nourrit mal, parce qu'il est pauvre; et, avant de réformer l'alimentation de l'homme, il faut réformer le
désastreux système de culture qu'il suit. L'amélioration du sol entraînera comme partout l'amélioration
du régime alimentaire du cultivateur. Mais d'ici là
que de travaux à faire, que d'argent à dépenser, et
peut-être aussi que de temps à attendre !

CHAPITRE III

LA POPULATION.

La population totale de l'arrondissement de Trévoux est, d'après le recensement de 1856, de 90,397 habitants. La surface de l'arrondissement étant de 147,679 hectares, il en résulte que la densité moyenne de la population y est de 61 habitants par 100 hectares ou par kilomètre carré.

La répartition de cette population sur la surface a lieu d'une manière fort inégale. Très-dense sur les bords de la Saône, de l'Ain et du Rhône, elle va se raréfiant de plus en plus à mesure qu'on se rapproche de la partie centrale du pays. Les trente-huit communes inondées de cet arrondissement et les quatre communes de l'arrondissement de Bourg, qui forment plus spécialement la Dombes d'étangs (1), n'ont qu'une population de 25,208 habitants pour une surface de 75,888 hectares, soit 33 têtes par kilomètre carré. Défalcation faite de cette surface et de cette population, le reste de l'arrondissement de Trévoux, la partie salubre de son territoire, n'a pas moins de 90 habitants par 100 hectares.

En 1806, d'après la statistique de M. Bossi, préfet de l'Empire, la population totale de l'arrondissement de Trévoux était de 66,566 habitants, et celle de la Dombes d'étangs de 18,926.

(1) Voici le nom des 42 communes qui forment la Dombes d'étangs, celle à laquelle se rapportent en majeure partie les observations et les chiffres consignés dans cet ouvrage :

Canton de Bourg. — Lent, Servas, Péronnas, St-André-le-Panoux.

Canton de Châtillon-sur-Chalaronne. — Châtillon, St-André-le-Bouchoux, la Chapelle-du-Châtelard, Condeyssiat, St-Georges-de-Renom, Neuville-sur-Renom, Romans, Sandrans, Chanoz-Châtenay.

Canton de Chalamont. — Chalamont, Châtenay, St-Germain, Marlieux, St-Nizier-le-Désert, Versailleux, St-Paul-de-Varax, le Plantay.

Canton de St-Trivier. — St-Trivier-sur-Moignans, Ambérieux, Bouligneux, la Pérouse, Monthieux, Ste-Olive, Villars, Relevant.

Canton de Trévoux. — St-André-de-Corcy, St-Jean-de-Thurigneux, Mionnay, St-Marcel, Rancé, Tramoye.

Canton de Meximieux. — Birieux, St-Eloy, Faramans, Joyeux, le Montellier.

Canton de Montluel. — Cordieux, Ste-Croix.

L'accroissement total de la population durant un demi-siècle a donc été de près de 36 °/₀ dans l'arrondissement de Trévoux, et seulement de 33 °/₀ dans la partie de cet arrondissement qui forme la Dombes insalubre.

Cette différence est au fond peu considérable; mais elle s'aggrave des circonstances exceptionnelles auxquelles l'accroissement est dû en majeure partie dans le pays d'étangs.

Cette augmentation de la population ne résulte pas, comme on serait tenté de le croire, de l'excès des naissances sur les décès; elle a son origine dans une invasion constante de la Dombes par les populations voisines.

Il paraît incontestable en effet que sur la fin du dernier siècle, et durant une bonne partie de la première moitié du nôtre, le nombre des décès l'emportait sur le nombre des naissances dans presque toute la partie centrale de la Dombes d'étangs. Les recherches statistiques de M. Bossi, et d'autres plus récentes, l'ont prouvé d'une façon évidente. Mais les améliorations de régime et de bien-être qu'a déjà amenées l'usage général de la chaux en Dombes ont dû modifier un peu cette situation; et il est permis de penser que si, dans certaines communes, il meurt encore aujourd'hui plus de gens qu'il n'en naît, en moyenne du moins la population indigène du pays d'étangs reste stationnaire, si elle ne s'accroît pas, c'est-à-dire qu'elle compense au moins ses morts par ses naissances.

L'immigration, cause réelle de l'accroissement de la population, s'opère en Dombes de deux manières : ou elle n'est que temporaire et annuelle, ou bien elle a lieu sans esprit de retour de la part de l'immigrant. Dans le premier cas, les travailleurs des pays voisins, attirés par l'appât d'un salaire élevé, viennent en Dombes pour y louer leurs bras durant l'année, ou simplement pour y faire les travaux de la moisson et du battage. L'immigration sans esprit de retour s'opère par des jeunes gens qui, venus d'abord comme domestiques dans le pays, s'y établissent, et surtout par des pères de famille qui, séduits par le bas prix du loyer des terres, et le plus fréquemment ruinés ailleurs dans des entreprises agricoles, espèrent se créer un sort meilleur et parfois même se relever de leur ruine dans un pays où la concurrence rurale est moins grande. Ces immigrations sont considérables. Dans telle commune du centre de la Dombes, on ne trouverait pas une seule famille dont l'établissement dans la commune pût remonter au delà de soixante ans. Mobilité de la famille et par suite de la culture, tel est donc encore un des caractères les plus marqués de ce pays si exceptionnel à tant de titres.

Ces nouveaux venus paient d'ailleurs, et dès les premières années, un large tribut au climat inhospitalier de la Dombes. On n'en respire pas impunément l'atmosphère, alors surtout qu'on a vu le jour sous un ciel plus propice. Les indigènes peuvent encore, dans certaines limites, lutter contre le fléau de l'insalubrité, et à un certain âge se garantir de ses atteintes. Mais tout travailleur qui n'a pas en naissant respiré l'air de la Dombes devra faire un rude et quelquefois bien long apprentissage de la fièvre : il est voué par avance à la maladie, et la mort même le frappera de préférence.

On a trop l'habitude en France de juger exclusivement de la richesse d'un pays par la densité de sa population, ou même par le rapport de son accroissement. Si une population nombreuse est généralement l'indice d'un grand développement agricole ou industriel, ce caractère ne saurait être considéré comme absolu. Ce qu'il y a de vrai, c'est que la richesse et la densité de la population marchent souvent ensemble. Seulement c'est la richesse qui appelle ou plutôt qui doit appeler la population, et non la densité de la population qui appelle invariablement et forcément la richesse. Toutes les fois que, sous l'influence d'une cause quelconque, la population s'accroît plus vite que les moyens de production, il y a forcément souffrance et misère. Pour s'en convaincre, il suffit de se rappeler qu'on a dû dépeupler la Haute-Écosse pour améliorer le sol et les hommes, que l'Irlande a succombé sous le poids de sa population et de sa misère, et que certains de nos départements du centre, étreints par une population en excès, ne trouvent dans une émigration en masse qu'une insuffisante compensation à ce fléau. Au point de vue social, il n'y a pas même progrès lorsque la population marche parallèlement à la production. Pour qu'il y ait progrès, il faut qu'il y ait amélioration du sort de l'homme, par conséquent accroissement de l'aisance moyenne; il faut en un mot que la production aille plus vite que la population.

Les sociétés d'ailleurs ne doivent pas tendre à produire simplement pour leur consommation. Le capital, qui joue un rôle si fécond dans toutes les industries et notamment dans l'industrie agricole, le capital ne se constitue que par des épargnes sur les produits créés; il ne peut résulter que de l'excédant de la production sur les besoins immédiats. Pour qu'il y ait formation de capital, source de production ultérieure, germe fécond de richesse à venir, il faut donc qu'il y ait possibilité d'épargne, et par conséquent excès de production sur les besoins de la consommation.

Augmentation de l'aisance moyenne, accroissement du capital social, voilà les deux conditions du progrès matériel pour une population.

Il serait injuste de méconnaître qu'il y a eu, depuis quelques années et dans une certaine mesure, amélioration du sort de l'homme en Dombes. Si la population s'est accrue, l'aisance moyenne paraît s'être accrue également, surtout, comme je l'ai dit déjà, par suite de l'introduction de la chaux. Mais que de chemin il reste encore à faire à la population de la Dombes d'étangs, pour arriver au degré de prospérité des populations voisines !

Entre toutes les circonstances qui peuvent favoriser le développement du bien-être et de la richesse pour une population agricole, il faut placer en première ligne la puissance du travail, la santé, l'activité et l'intelligence, en un mot les qualités physiques et morales sans lesquelles l'homme ne peut lutter ni par la patience et l'énergie du travail, ni par les combinaisons de l'esprit, contre les obstacles opposés par la nature. Disons rapidement ce qu'est la population de la Dombes d'étangs sous ces divers rapports, et nous pourrons nous faire une idée nette de la situation que lui ont créée les circonstances.

Quelques mots d'abord de la vie moyenne, dont la durée se lie intimement à la puissance du travail.

De nombreuses recherches statistiques ont été faites à diverses époques relativement à la vie moyenne dans la Dombes d'étangs.

Dans sa statistique publiée en 1808, M. Bossi rapporte les recherches faites par M. Brun, curé de Villars, lequel a dépouillé les registres de dix communes inondées durant la période complète du 18e siècle, et a trouvé que la vie moyenne durant ce siècle avait été dans ces dix communes de vingt-un ans et huit mois.

M. Valentin Smith, conseiller à la cour de Lyon et propriétaire en Dombes, a fait, avec l'aide de deux employés au ministère de l'intérieur, des recherches plus récentes et qui ont porté sur seize communes du canton de Châtillon dont dix font partie de la région des étangs. Il résulte de ces recherches, publiées en 1851 par le comité d'amélioration de la Dombes, que, durant la période comprise entre 1837 et 1847, la vie moyenne dans ces dix communes inondées aurait été de dix-neuf ans sept mois, et qu'elle s'abaisserait à mesure que s'accroît l'étendue relative des étangs, puisque dans les cinq communes qui en ont la plus forte proportion la vie moyenne n'aurait été que de dix-huit ans cinq mois, tandis que dans les cinq communes moins inondées elle se serait élevée à vingt ans et quatre mois.

Si l'on compare ces chiffres avec ceux qu'a empruntés aux recherches faites par M. Brun la statistique de M. Bossi, on voit que la vie moyenne en Dombes aurait été, il y a quinze ou vingt ans, inférieure en durée à ce qu'elle était au 18e siècle. On explique ce fait par l'extension toujours croissante des étangs sur la fin du siècle dernier et au commencement du nôtre, et par l'aggravation d'insalubrité qui a dû en être la conséquence.

Qu'on suppose ces chiffres exceptionnels, qu'on admette, ce qui est vrai d'ailleurs dans une certaine mesure, que depuis vingt ans les conditions hygiéniques de la Dombes se sont améliorées, et qu'en faisant à ces deux causes une part aussi large que possible, on élève à vingt-sept ou vingt-huit ans la durée moyenne actuelle de la vie en Dombes, on n'en trouvera pas moins qu'elle est de près d'un tiers inférieure à la durée de la vie moyenne actuelle en France.

Un fait important à constater, d'ailleurs, c'est que ce n'est pas dès leur première jeunesse que sont frappés surtout les habitants de la Dombes. La mort y ménage les premiers âges de la vie pour frapper l'âge viril, l'âge de la force ; en sorte que l'abaissement de la puissance de travail n'est pas simplement proportionnel à l'abaissement de la vie moyenne ; il suit une proportion géométrique, pendant que la vie moyenne décroît suivant une proportion arithmétique.

Cette population clair-semée, sujette aux fièvres et frappée de mort avant l'âge, est-elle au moins, en dehors des cas de maladie, suffisamment constituée pour supporter le poids du jour et de la chaleur, pour résister à la fatigue des travaux agricoles ? est-elle saine et vigoureuse ?

Les tableaux de recensement pour les cas d'exemption du service militaire peuvent nous édifier à cet égard. J'emprunte encore les renseignements qui suivent aux recherches de M. Valentin Smith.

Avant l'application de la loi du 21 mars 1832, et alors que le recrutement était basé sur la population, il est arrivé que des cantons de la Dombes n'ont pu fournir leur contingent. Sous l'empire de la loi nouvelle et depuis que la répartition du contingent s'opère en prenant pour base le nombre des jeunes gens inscrits, les cantons de la Dombes fournissent le contingent ordinaire. Quel pays toutefois pourrait offrir un nombre d'exemptions proportionnellement aussi considérable?

Dans le canton de Trévoux, qui a plus du tiers de ses communes dans la région des étangs, le nombre des jeunes gens réformés de 1837 à 1847 a été au nombre des jeunes gens appelés comme 64,98 est à 100.

Dans le canton de Châtillon, qui a plus de la moitié de ses communes dans la Dombes d'étangs, le nombre des réformés a été au nombre des appelés comme 90,71 est à 100.

Enfin, dans le canton de Chalamont, dont les trois-quarts du territoire appartiennent à la région insalubre, la proportion des exemptés a été de 101,25 pour 100 appelés.

Précocité de la mort, infirmités nombreuses et détérioration croissante de l'homme en raison directe de l'étendue des étangs, tels sont les faits que mettent en évidence les chiffres que je viens de citer.

Sous l'influence d'une mortalité aussi grande, d'un abâtardissement aussi constant, il semblerait que la population de la Dombes, au lieu d'augmenter, dût rapidement disparaître du sol. Il en eût été certainement ainsi depuis longtemps sans les immigrations des populations voisines. La Dombes a jusqu'ici dévoré ses habitants ; et, si sa population n'a pas intégralement disparu, si elle s'accroît même aujourd'hui, elle n'a pu arriver à se maintenir et à s'accroître qu'à la condition de jeter en pâture à son climat un contingent de victimes emprunté aux populations mieux favorisées qu'elle.

On sait d'ailleurs que, dans tous les pays insalubres, les mariages sont précoces et les naissances nombreuses. Il semblerait que la nature, qui avant tout se propose pour but d'assurer la conservation de l'espèce, a établi une loi mystérieuse en vertu de laquelle les individus doivent se reproduire en raison même des chances de mort auxquelles ils sont soumis.

En Dombes, le même fait s'observe. La proportion des naissances et des mariages à la population totale y est beaucoup plus élevée que dans tous les pays voisins. Le Dombiste qui a deux bras valides peut élever une famille ; il se marie sans autre capital, et les enfants que la fièvre lui aura laissés seront sa fortune. La pluralité consécutive des mariages y est même le fait le plus habituel pour les personnes qui arrivent à l'âge de quarante ans. Dans une commune voisine de Bourg est mort en décembre dernier, à l'âge de soixante ans environ, un fermier, veuf de six femmes et qui avait survécu aux enfants provenant de ses divers mariages. De tels faits qui, dans des limites plus ou

moins grandes, ne sont pas rares en Dombes, mon-
trent assez ce qu'y est la vie de l'homme et ce que
doit y être la puissance de travail.

Le côté moral de la population n'est guère plus sé-
duisant que le côté physique. L'esprit d'initiative, la
prévoyance, l'intelligence, toutes ces qualités qui constituent au profit d'une population un capital sérieux,
ne sont pas le lot du Dombiste. Enervé par son climat,
il n'a ni l'énergie morale nécessaire pour sortir de sa
situation, ni le désir, ni même l'espoir d'y échapper.
Sous ce rapport, M. Bossi a tracé du Dombiste un tableau saisissant et qui est resté célèbre dans le pays ;
il peut paraître aujourd'hui exagéré, mais on ne saurait méconnaître la vérité de ses principaux traits.

Tels sont donc, aussi brièvement que j'ai pu les
retracer, les caractères généraux que présente la population en Dombes : très-clair semée, n'ayant qu'une
vie moyenne, d'un tiers inférieure en durée à la vie
moyenne en France, accablée d'infirmités précoces,
se mariant jeune, se mariant souvent afin de subvenir par un excès de naissances aux besoins dévorants
de son climat, se recrutant sans cesse à l'extérieur,
apathique, insouciante de son sort, aussi dépourvue
d'énergie morale que de force physique.

Si navrant que soit ce tableau, il ne doit pas inspi-
rer le découragement. Comme le chirurgien qui,
avant de procéder à une opération, étudie la nature
de la plaie, en mesure l'étendue, je dois étaler au

grand jour les plaies de la Dombes, et ma tâche n'est point encore finie. Le mal est grand sans aucun doute, mais il n'est pas incurable. La Dombes puise dans la qualité de son sol et dans son admirable position économique une énergie vitale inconnue aux autres pays insalubres. Il ne faut, pour arrêter l'invasion du mal et guérir les blessures du malade, que lui administrer les topiques nécessaires. Le temps, ce grand médecin, se chargera de la guèrison.

Comme, en dernière analyse, une population exclusivement rurale a surtout pour objet et pour but le travail du sol, tous les effets que nous venons de passer en revue, toutes les influences que subit la population vont à leur tour se transformer en causes, et se traduire par un effet commun, par une résultante unique, le travail agricole.

Il est facile de pressentir ce que doit être le travail agricole dans un pays comme la Dombes d'étangs. Les ouvrages qui demandent de l'activité ou un certain déploiement de forces ne sont pas à la portée du Dombiste. Ni sa nature molle, fruit de son climat, ni son alimentation privée de stimulants alcooliques et de matières azotées, ne lui permettent de s'y livrer. Le labour superficiel avec des bœufs marchant d'un pas monotone et lent, voilà pour ainsi dire la seule opération qui convienne à sa nature, et presque la seule à laquelle il se livre. Tout Dombiste qui a cessé d'être *carat* (berger) devient immédiatement *laboureur*, et labourera presque sans interruption tout le reste de sa vie. Aussi le seul instrument de travail qu'on trouve en Dombes, c'est la charrue. Dans un domaine où j'avais à faire des fouilles, il m'est arrivé de ne trouver ni une bêche, ni un homme qui sût la manier.

Travail lent, travail peu énergique, travail uniforme pour tous, voilà les caractères du travail agricole en Dombes.

Il en a un autre qui dérive, comme les précédents, des conditions hygiéniques exceptionnelles du pays; et cet autre n'est pas le moins funeste de tous. Le travail n'est pas seulement d'une puissance faible en Dombes, il y est encore d'une cherté excessive.

Le gage des domestiques attachés aux exploitations n'est en rapport ni avec la valeur absolue du travail, ni avec l'état de richesse du pays. Il est souvent le double de ce qu'il est sur les bords de la Saône et dans les pays voisins beaucoup plus riches que la Dombes. Pendant qu'un bon valet de ferme se contente d'un gage de 200 fr. dans les pays sains qui entourent la Dombes, il n'exigera pas moins de 300 à 350 fr. dans le pays d'étangs. La servante de ferme, qui se louera ici pour 90 ou 100 fr., voudra gagner en Dombes de 130 à 140 francs.

L'élévation des salaires domestiques est au fond beaucoup plus lourde encore qu'elle ne paraît l'être de prime abord; car elle s'aggrave des interruptions de travail si fréquentes en Dombes par suite de l'invasion des fièvres. Si l'on tenait compte de ces interruptions de travail provenant soit du mauvais temps, soit des jours fériés, soit des jours perdus à trembler la fièvre, on trouverait que le salaire moyen des domestiques attachés aux exploitations rurales de la Dombes est de plus de 2 francs 50 centimes par journée de travail effectif.

En dehors de la partie de la population qui est attachée d'une façon normale à la culture du sol, on rencontre en Dombes quelques journaliers vivant de travaux éventuels. Ce sont pour la plupart des terrassiers, auxquels on a donné dans le pays le nom de *picards* : l'exploitation des bois, la réparation des chaussées d'étangs, les curages de rivières ou de biefs, quelques drainages forment le fond de leurs travaux durant la saison d'hiver. La fauchaison, la moisson et le battage les occupent une partie de la bonne saison. Leurs femmes ont en outre quelques rares travaux de sarclage.

Rien n'est plus incertain pour cette partie de la population que la demande de travail ; mais aussi rien de plus cher que la somme de travail exécutée par elle. Pour donner une idée de ce que peut devenir à un moment donné le salaire des journaliers en Dombes, je me contenterai de dire qu'un propriétaire de ce pays, lors du battage de la dernière récolte, a dû payer des salaires de 5 fr. par jour (la nourriture en plus) pour recruter le nombre d'ouvriers nécessaires au service d'une batteuse à vapeur.

Cette cherté excessive de la main-d'œuvre est encore le résultat direct de l'insalubrité. Pour attirer les travailleurs des pays voisins, il ne suffit pas d'offrir du travail et d'en payer la valeur au taux commun ; il faut ajouter à ce prix une prime proportionnelle aux chances de maladie qu'on court en Dombes : il faut payer le travail plus cher.

Comme si les conditions du travail, sa puissance, son intensité et son prix ne devaient pas entrer en ligne de compte dans le choix d'un système de culture, la Dombes, qui est aujourd'hui forcée de payer à un taux énorme le travail dont elle dispose, n'a pas su adapter son système de culture à sa population. Sous l'influence de je ne sais quelles causes, elle a fait appel à la population des pays environnants ; et cet appel, elle l'a fait dans les conditions les plus désastreuses possible, appel temporaire dans un pays pauvre et malsain.

Lorsque vient en effet l'époque de la moisson et du battage, la Dombes d'étangs n'a plus assez de bras pour faucher sa récolte et la battre. C'est alors que des pays voisins, notamment des bords de la Saône, du Lyonnais et du Bugey, vient s'abattre une véritable armée de travailleurs qui vont louer leurs bras pour la période de la moisson et du battage, et qui se disséminent dans tous les domaines de la Dombes par bandes de deux, trois, quatre, cinq et même six hommes, suivant les besoins. Leur salaire, qui leur est payé en nature, consiste dans le cinquième environ du produit brut de la récolte, ou plus exactement dans les dix-neuf centièmes. Cette part ainsi prélevée, et dont la répartition se fait entre les ouvriers du domaine et les ouvriers étrangers, proportionnellement au nombre de têtes qui ont concouru régulièrement à la moisson et au battage, est ce qu'on nomme les *affanures*. La part d'affanures afférente aux batteurs du domaine revient au cultivateur ; même dans le cas du métayage, le propriétaire n'y participe pas, les affanures se prélevant avant les semences. Quant à la nourriture des ouvriers étrangers, elle n'est pas comprise dans ce salaire : elle est, comme celle des domestiques du domaine, à la charge de la culture.

Le système des affanures est fort ancien. Le salaire en nature qui en constitue l'essence indique suffisamment qu'il a dû naître et se développer à une époque où les échanges n'étaient pas aussi faciles qu'ils le sont de nos jours, et dans un pays privé de débouchés par le manque plus ou moins absolu de voies de communication et de moyens de transport.

Ce système n'était pas autrefois exclusivement spécial à la Dombes. Il était en vigueur durant le siècle dernier dans toute la Bresse et dans la majeure partie du Dauphiné. Les progrès de la culture, l'accroissement des moyens d'échange l'ont depuis lors fait partout disparaître, si ce n'est dans la Dombes où, par suite des conditions exceptionnelles de salubrité du pays, la substitution générale du blé au seigle n'a pas même eu pour résultat d'en modifier les bases.

Rien de plus désastreux pour la Dombes que le système des affanures. Les documents officiels de la statistique n'évaluent pas à moins de 3,500 le nombre des étrangers qui viennent en Dombes faire la moisson et le battage, et prélever pour salaire durant un mois environ la valeur moyenne de 4 fr. 60 c. par journée de travail effectif.

Un instant on a pu croire que la vulgarisation des batteuses à vapeur allait permettre à la Dombes de se passer au moins partiellement du concours des ouvriers étrangers. Les batteuses locomobiles s'y multiplient en effet depuis quelques années en nombre considérable; et, dans la seule région des étangs, 42 batteuses à vapeur sont venues en 1857 faire le battage de la récolte. Mais d'un côté l'intervention de ces machines n'est guère moins onéreuse que l'intervention des travailleurs étrangers au pays : l'élévation de leur prix d'achat ne le rend pas accessible à la culture; et leurs possesseurs, sous l'action d'une demande active, ne louent plus leurs services qu'au prix exorbitant de 4 fr. 50 c. à 5 fr. l'heure de travail effectif, le combustible qu'elles consomment étant en outre à la charge de la culture. Il en résulte que la somme en argent qui sort annuellement de la Dombes, soit pour le fermage des batteuses à vapeur, soit pour l'acquisition du combustible nécessaire à leur usage, est énorme. D'un autre côté, le point capital de la difficulté n'est pas le battage, qui peut à la rigueur se pratiquer à tous les moments de l'année; c'est la moisson qui ne peut attendre, qui doit forcément être faite en temps opportun, et d'autant plus rapidement que la surface à moissonner est plus étendue et que l'intensité de la chaleur, à l'époque où elle a lieu, est plus grande. Ce qu'il faut donc en Dombes, c'est une bonne moissonneuse; elle ne fera pas simplement pour la moisson ce que les locomobiles ont fait pour le battage; elle tranchera une des plus grandes difficultés de la Dombes, et lui permettra enfin de se passer du concours onéreux d'une armée d'étrangers qui viennent puiser dans ses domaines le principe de la fièvre et, en échange de leurs services et au prix de leur santé, prélèvent annuellement, sous forme de salaire, le cinquième environ du produit brut de sa récolte.

CHAPITRE IV.

CONSTITUTION DE LA PROPRIÉTÉ.

Aux yeux des personnes qui s'occupent d'économie rurale, l'influence de la grande propriété sur la prospérité du sol ne saurait être contestée, au moins dans certaines limites.

La fertilité du sol, en effet, est beaucoup plus l'œuvre de l'homme qu'un accident de la nature : elle ne se conquiert le plus souvent qu'au prix d'une masse considérable de capitaux, et sous la condition du concours successif de plusieurs générations.

Mais les nivellements, les défoncements, les chaulages, les constructions, etc., toutes les opérations en un mot qui ont pour résultat d'augmenter les facultés productives du sol et qui constituent sa fertilité, ne peuvent être exécutées le plus souvent que par le propriétaire. La culture ne dispose généralement que d'une somme insuffisante de capitaux, et elle a d'autant moins de profit à les consacrer aux améliorations foncières que la durée des baux qui confondent ses intérêts avec ceux du sol est plus courte. La propriété, au contraire, a un intérêt direct et permanent à l'amélioration du sol. C'est donc à elle qu'incombe plus spécialement la charge de capitaliser une part des produits du présent, et d'enfouir cette part dans le sol au profit de l'avenir.

Dans cet ordre d'idées, il est bien évident que plus le propriétaire sera riche, plus il pourra facilement distraire de ses revenus une large part destinée aux améliorations foncières. La grande propriété, ou plus exactement la propriété riche, peut donc dans une certaine mesure favoriser les progrès de l'agriculture et la prospérité du sol.

En fait, il n'en est pas toujours ainsi, et la fertilité de la terre ne marche pas forcément avec la richesse de la propriété, comme nous le verrons par l'exemple de la Dombes. Mais c'est là du moins une circonstance favorable dont on ne saurait méconnaître la légitime importance, et que je ne pouvais passer sous silence dans cette étude impartiale de toutes les influences qui peuvent peser dans un sens ou dans l'autre sur le pays d'étangs.

La Dombes d'étangs était autrefois composée presque exclusivement de grandes terres appartenant aux principales familles de France, au clergé et à la magistrature de Lyon. Quelques-unes de ces terres sont restées entre les mains des héritiers naturels des anciens possesseurs; mais la plupart ont été aliénées à diverses époques et partagées. On y trouve encore cependant quelques propriétés de 1,000 hectares et au-dessus. Celles de 200 à 500 y sont fort nombreuses. Celles au-dessous de 100 hectares y sont fort rares, si ce n'est dans les communes qui forment la lisière du pays d'étangs. Enfin, autour des centres les plus importants de population, comme Chalamont, Villars, St-Trivier-sur-Moignans, Châtillon-sur-Chalaronne, Neuville-sur-Renom et dans un rayon d'un à deux kilomètres, quelques vestiges de morcellement se font remarquer.

A n'envisager que la Dombes d'étangs, et défalcation faite d'un dixième de son territoire où la propriété tend à se diviser de jour en jour sous l'influence de diverses causes, on peut fixer à 200 hectares l'étendue moyenne des propriétés.

Le revenu toutefois n'est pas aussi élevé qu'on serait tenté de le croire au premier abord. La rente moyenne du sol en Dombes ne peut guère être évaluée qu'à 24 fr. ou 25 fr. par hectare de superficie. A côté de quelques propriétés qui donnent à leurs possesseurs un revenu de 30 à 40,000 fr., il s'en trouve un grand nombre qui ne rendent que de 3 à 4,000 fr. En sui-

vant la base admise pour l'étendue moyenne des propriétés, on peut dire que chaque propriétaire de la
Dombes a un revenu foncier de 5,000 fr. environ.

Si les propriétaires de la Dombes n'avaient pas
d'autres ressources que les revenus du sol, on ne
pourrait certainement pas dire que la propriété y est
très-riche. Mais les détenteurs du sol ne sont pas pour
la plupart exclusivement propriétaires en Dombes.
Les grands propriétaires possèdent presque constamment des valeurs mobilières ou des immeubles placés
dans des contrées plus favorisées. Quant à la généra-
lité des propriétaires, ce sont des industriels ou des
négociants qui, sans quitter le commerce ou l'industrie, ont immobilisé une partie de leur fortune et
jouissent par conséquent, en dehors des revenus du
sol, d'une source bien autrement féconde de profits.
A ce point de vue, la propriété est riche en Dombes,
et la valeur du sol n'y représente assurément qu'une
part minime de la fortune de ses possesseurs.

Mais cette situation si favorable n'est pas sans une
douloureuse compensation; et si la propriété est riche
en Dombes, elle n'a malheureusement eu jusque-là
avec le sol que peu ou point de ces contacts féconds
qui amènent sa prospérité. L'insalubrité, dont nous
verrons les fatales conséquences se dérouler dans toutes
les parties de ce triste tableau, l'insalubrité a produit sur une immense échelle ce qu'on est convenu
d'appeler *l'absentéisme*. En sorte que ce ne sont pas les

profits de l'industrie qui sont consacrés aux améliorations agricoles, mais le revenu du sol qui va alimenter le luxe des villes et grossir les bénéfices de l'industrie.

Dans un pays où le propriétaire est en contact avec le cultivateur, il y a dans ce contact échange de services réciproques et d'avantages communs. Le propriétaire prend ordinairement en main la cause des intérêts généraux du pays; il éclaire de ses conseils le cultivateur, parfois l'aide de sa bourse, et lui fait des concessions qui tournent au profit de l'amélioration du sol. Le cultivateur à son tour apprécie le propriétaire; et, sûr de retrouver avec un maître équitable l'intérêt de ses avances, il se laisse diriger et travaille avec ardeur et avec fruit à la prospérité du sol qui fait la prospérité commune. La simple consommation sur place du revenu foncier peut être considérée d'ailleurs comme une source d'aisance pour le pays : une foule de petites industries se créent à l'entour des résidences et font vivre dans un certain bien-être une partie de la population. Enfin le propriétaire qui vit au milieu de ses champs travaille le plus souvent d'une manière active à l'amélioration du sol. La vie rurale ne rend pas seulement en dépenses de consommation ce que la propriété retire de la terre, elle inspire encore le goût des travaux agricoles, et rend ainsi féconde pour l'avenir une part même des produits du présent. Ce goût de la vie rurale, ces fécondes habitudes de résidence ont été signalés par M. Léonce de Lavergne, dans son admirable *Essai sur l'économie rurale de l'An-gleterre*, comme une des grandes causes de la prospérité agricole de ce pays.

En Dombes, rien de pareil n'existe, et je ne connais pas un pays aussi maltraité sous ce rapport. Le nombre des grands propriétaires qui habitent le pays est bien vite compté : j'en connais trois.

Réduite à ces limites, cette habitation n'a pas même les effets qu'elle devrait avoir. La vie rurale en Dombes est naturellement triste. Ni voisins à visiter, ni promenades à faire : c'est une vie bourgeoise qui ne peut sous aucun rapport exciter le propriétaire à ces dépenses de luxe qui sèment du moins un peu d'aisance et de bien-être autour de ceux qui les font. La vie rurale en Dombes n'est possible qu'avec la passion de la solitude ou le goût inné des améliorations agricoles.

Somme toute, plus des neuf dixièmes du sol dans la Dombes d'étangs appartiennent à des propriétaires forains. Ceux-ci habitent les bords plus fortunés de la Saône, ou les grandes villes, comme Paris et Lyon ; ils viennent de loin en loin faire quelques parties de chasse sur les étangs à l'époque du passage du gibier d'eau, ou chercher leur rente. C'est presque le seul contact qui existe entre la propriété et la culture. On cite de grands propriétaires qui ne connaissent la Dombes que de nom.

Les discussions que la Dombes a eu le privilége de

susciter depuis plus d'un demi-siècle ont cependant jeté, à certaines époques, une vive faveur sur la propriété en Dombes, et inspiré à des esprits généreux, mais malheureusement peu éclairés, le louable désir de coopérer d'une façon active à la régénération de ce pays. L'avantage de sa position dans le voisinage immédiat de Lyon, la nature de son sol qui, après tout, se prête évidemment aux plus riches cultures, la révolution opérée par la chaux, et surtout les espérances de plus-value que devait réaliser la Dombes par le dessèchement de ses étangs et par une culture mieux entendue, engagèrent un grand nombre de capitalistes et surtout de négociants ou de fabricants lyonnais à y faire des acquisitions. Cette fièvre de propriété fut dans toute son ardeur sous le gouvernement de Juillet, et surtout dans la période qui précéda et celle qui suivit l'année 1840. Sous l'influence de cette ardeur, la propriété augmenta de valeur : le taux commercial du sol, qui quelques années auparavant était coté à vingt fois la rente nominale, s'éleva alors jusqu'à trente et même trente-cinq fois le revenu. Puis, quand ils furent propriétaires, les nouveaux acquéreurs se firent cultivateurs. On vit alors les châteaux de la Dombes se peupler, des maisons de campagne surgir en certain nombre, des fermes spacieuses et commodes s'élever sur l'emplacement des fermes vermoulues ou des métairies en ruines. La charrue pénétra dans les pâturages; les bois cédèrent la place à la culture. Ceux qui pensent que l'activité et les capitaux sans direction rationnelle suffisent pour surmonter tous les obstacles purent croire un instant que l'amélioration de la Dombes était acquise en fait. Mais l'activité était fourvoyée, et les capitaux prodigués sans connaissance de cause. Tous les nouveaux cultivateurs suivirent les mêmes errements, la même marche et arrivèrent finalement, quoiqu'avec des vitesses inégales, aux mêmes résultats : le découragement pour tous, la ruine pour un grand nombre. Des propriétés de 2 à 300 hectares y ont dévoré des fortunes de 4 à 500,000 francs ; et, après l'absorption de ce capital énorme, elles n'ont par fois trouvé des acquéreurs, le jour où il a fallu les vendre, qu'à un prix inférieur au prix d'acquisition.

Ces catastrophes nombreuses et bien connues se produisirent surtout dans les années qui suivirent la révolution de Février. Elles eurent un double résultat fâcheux : elles amenèrent une dépréciation notable de la valeur du sol en Dombes, et dégoûtèrent les propriétaires de la culture et par suite de la résidence dans le pays. La propriété ne se vend plus aujourd'hui qu'au taux de 20 ou 25 fois la rente, c'est-à-dire de 5 à 600 francs l'hectare, au lieu de 800 à 900 comme cela avait eu lieu précédemment. Quant aux propriétaires lyonnais, ils ont renoncé à la culture. Ils se sont constitués en association pour l'amélioration agricole et hygiénique de la Dombes, et ne s'occupent plus que des intérêts généraux du pays.

S'ils viennent encore en Dombes, ce n'est plus comme autrefois pour y dresser leur tente et y planter le drapeau du progrès, c'est pour y toucher des fermages ou faire des parties de chasse.

Il y a à cet abandon des exceptions courageuses et que je ne veux pas nier. L'abandon est à peu près général, mais il n'est heureusement pas absolu.

On doit concevoir que, dans une étude complète sur la Dombes, je ne pouvais passer sous silence et citer, sans les expliquer, ces catastrophes qui ont jeté tant de défaveur non-seulement sur la propriété de la Dombes, mais encore et surtout sur la culture par les propriétaires. Je vais donc esquisser à grands traits la marche suivie par ceux dont l'insuccès a été notoire; mais cette esquisse sera faite avec les ménagements qu'imposent les convenances : je ne citerai aucun nom propre. En me tenant dans ces réserves, je crois être d'autant plus dans mon droit que cette analyse aura un côté utile; elle signalera quelques écueils à éviter, et me permettra de poser ici quelques principes méconnus.

Les constructions rurales étaient autrefois, comme sont toutes les constructions rurales des pays pauvres, pauvres elles-mêmes. Les matériaux de construction, sauf le bois, ne se trouvent pas dans le pays, et il faut les importer de 25 à 30 kilomètres de distance. Les constructions y sont donc chères. Il faut remarquer en outre que les bâtiments sont une charge pour un domaine ; les capitaux qu'on y consacre sont improductifs de leur nature, et vont constamment en se détruisant. En bonne économie, les constructions doivent donc être réduites aux besoins. Dans les pays riches, après avoir satisfait aux besoins, on peut sacrifier au confort et au luxe ; le superflu même dans les constructions, peut ajouter à la valeur commerciale du sol ; la fantaisie peut y trouver son prix ; elle y a par conséquent sa valeur et peut s'y développer dans certaines limites. Mais dans la Dombes, comme dans tous les pays pauvres, les constructions n'ont, en dehors des besoins stricts, aucune raison d'être, parce qu'elles n'y ont aucune utilité immédiate et que leur valeur ne peut résulter que de cette utilité. Ce n'est pas une construction qu'on achète en Dombes, c'est un domaine, et on ne l'achète qu'en raison de ce qu'il rend.

Or, le premier soin de tous les propriétaires qui ont voulu faire des améliorations en Dombes, a été de construire pour eux-mêmes une maison de maître, quelquefois même un château, et, pour leurs fermiers et leurs métayers, des habitations plus spacieuses et plus confortables. Ils ont ainsi immobilisé au début de leur entreprise un capital considérable qui est resté improductif, s'est en partie détérioré entre leurs mains, et qui, lorsqu'ils ont dû disparaître, n'a plus eu aucune valeur commerciale.

Ce n'est pas à dire que nous blâmions d'une façon absolue le principe des constructions. Elles sont nécessaires à la culture, et tout ce qui a pour objet l'amélioration du sort de l'homme et des conditions hygiéniques du bétail, cet auxiliaire si précieux de l'homme, est sérieux et louable aux yeux de l'économiste et de l'agronome. Mais ce que nous blâmons, c'est l'excès dans cette voie. Avant tout, pour que l'agriculture devienne une carrière honorable pour les gens riches et recherchée par eux, il faut qu'elle devienne une carrière productive; et, dans ce sens, la manie des constructions en dehors des besoins stricts est une faute. C'est peu à peu, c'est lentement qu'un pays se transforme et arrive à la richesse; c'est peu à peu, c'est lentement aussi qu'il doit sacrifier aux constructions qui sont le signe le plus apparent, la manifestation la plus extérieure de la richesse. En d'autres termes, les constructions doivent suivre les progrès de la culture et non les devancer. C'est sur le profit des améliorations que doivent être prises les dépenses qu'elles nécessitent. Mais les imputer sur le capital destiné à ces améliorations, c'est tarir entre ses mains la source même des profits.

La maison de maître ou le château construit, le logement des fermiers et des gens attachés à l'exploitation reconstruit également sur un plan plus vaste, tout cela édifié à grands frais, le propriétaire qui voulait faire de la culture devait habiter forcément le pays, au moins durant certaines époques de l'année, afin de donner une direction attentive à l'exploitation du sol. Mais pour que la maison de maître ou le château fût habitable, il fallait dessécher directement ou arriver à faire dessécher les étangs les plus rapprochés de la maison de maître ou du château. Or les étangs, comme il sera dit plus tard, paient une rente plus élevée que les terres, n'exigent qu'une somme de travail minime, se cultivent sans engrais et fournissent des pailles pour les fumiers et un pâturage pour le bétail. D'un autre côté, le fumier est déjà fort rare en Dombes, et la main-d'œuvre fort chère, soit parce qu'elle y est rare, soit surtout parce qu'elle y est improductive à raison de la disproportion déjà existante entre la fumure et le travail. Dessécher un étang pour en faire une terre arable, c'est donc diminuer la quotité absolue des engrais d'un domaine, abaisser, dans une proportion plus élevée et par l'accession d'une plus vaste surface à la culture, la quotité relative des fumures, et accroître enfin le défaut d'harmonie entre la quotité de la fumure et l'intensité du travail nécessaire à une production économique. En un mot, c'est exagérer toutes les conditions défavorables de la Dombes, c'est abaisser le produit et augmenter les frais de la culture, c'est, pour les propriétaires, marcher à la ruine par tous les chemins.

Lancés dans cette voie, ils ne devaient pas s'arrêter facilement. Le défrichement des bois et des pâturages a succédé au dessèchement des étangs, entendu comme je viens de le dire, et a eu les mêmes résultats. Une erreur trop commune dans tous les pays pauvres, mais plus funeste en Dombes qu'ailleurs par suite de la cherté excessive de la main-d'œuvre et de la pénurie absolue des fumiers, leur a fait croire que le produit devait être proportionnel à la surface arable, et que plus on labourerait, plus on devrait récolter. L'influence momentanée de la chaux a pu contribuer à les affermir dans cette voie. En voyant partout des récoltes moyennes de blé succéder aux misérables récoltes de seigle, sous l'action de ce précieux amendement, ils ont pu croire un instant au succès. Malheureusement l'usage de la chaux n'est pas compatible indéfiniment avec un système de culture qui ne peut disposer que de 3 à 4,000 kilogrammes de fumier par hectare de terre arable, et nos agriculteurs n'ont pas vu que pour ménager l'avenir il fallait augmenter la fumure parallèlement au chaulage, substituer les cultures fourragères à une jachère coûteuse. L'effet de la chaux n'a été que momentané; la chaux a brûlé le sol. En même temps que les propriétaires se ruinaient, ils ruinaient leur propriété. Des domaines, où l'on avait englouti des capitaux considérables, rendaient moins après tous ces travaux qu'ils ne rendaient auparavant.

Les constructions exagérées et sans besoin, les dessèchements d'étangs sans compensation, c'est-à-dire

au profit exclusif de la culture arable, les défrichements de bois et de pâturages, l'emploi de la chaux
sans changement de culture, voilà les causes de la
ruine d'un grand nombre de propriétaires en Dombes
et de la ruine même de leurs propriétés.

Je reviendrai plus en détail sur chacune de ces
opérations, et notamment sur le desséchement des
étangs; mais j'ai dû les citer ici. Aucun pays n'a inspiré des espérances plus vives que la Dombes; aucun
autre aussi n'a été plus fertile en catastrophes éclatan-
tes. Si c'est là une raison de prudence pour le cultivateur qui vient y dresser sa tente, ce ne doit plus
être, comme certains esprits le croient, un motif absolu d'éloignement pour les capitaux et les intelligen-
ces. La Dombes peut se glorifier d'ailleurs de quelques
succès agricoles aussi éclatants que les revers, et j'en
passerai quelques-uns en revue dans la seconde partie
de cet ouvrage. Peut-être me sera-t-il permis de dire
alors qu'il n'est pas de pays où le sage emploi des capitaux et surtout l'intelligence soient appelés à jouer
un rôle plus fécond.

Le fléau de l'insalubrité a donc entraîné fatalement
l'éloignement des propriétaires en Dombes, et l'abandon plus ou moins complet par eux des intérêts du
pays. Cet éloignement a amené une autre conséquence,
ou pour mieux dire un autre fléau, je veux parler
des fermiers généraux.

Le fermage n'existe guère en Dombes que dans la

moitié environ des domaines, le métayage ou la culture à moitié fruits étant le régime qui gouverne
l'autre moitié. Même avec le fermage, les grands
étangs et les bois constituent des réserves. Pour administrer les fonds de réserve et le sol soumis au
métayage, la présence des propriétaires est indispensable au moins de loin en loin et à certaines époques
fixes de l'année. Mais le propriétaire en Dombes se
souciait fort peu autrefois de venir respirer un air
insalubre, ou entendre les doléances pourtant si naturelles des cultivateurs Dombistes; il s'en souciait
d'autant moins qu'il était plus éloigné de la Dombes,
et que le pays, privé intégralement de bonnes voies
de communication, était d'un plus difficile accès.
Pour éviter ces embarras et percevoir ses revenus
sans dérangement, il louait sa terre à un fermier
général présentant une garantie de solvabilité ou
une caution quelconque, et ne faisait plus en Dombes que des apparitions rares ou même nulles. Le
fermier général à son tour sous-louait à des conditions misérables au premier qui se rencontrait avec
deux bras valides et, pour peser davantage sur la
culture, substituait partout le métayage au fermage.
Après cet arrangement, il allait respirer l'air plus
salubre des bords de la Saône ou des villes voisines. Sans autre charge que de venir, à l'époque
de la récolte, partager les produits du sol avec les
métayers, il avait trouvé dans ce marché les élé-

ments de l'aisance et du luxe, et quelquefois même de la fortune.

Le rôle du fermier général est un rôle essentiellement parasite. Il n'apporte à l'exploitation ou à la mise en valeur du sol, ni capital, ni intelligence. Le partage des fruits avec le colon, voilà son seul travail; et, au nom de ce travail qui pourrait être accompli sans inconvénient par un régisseur à défaut du propriétaire, il conquiert le droit de pressurer la culture de toutes ses forces, et d'établir entre le propriétaire et le cultivateur, ou plutôt entre les intérêts de la propriété et ceux de la culture, un antagonisme funeste.

Dans l'ordre naturel des choses, en effet, ces deux intérêts sont dépendants ou, comme l'on dit aujourd'hui, solidaires. La prospérité de la culture fait la prospérité du sol; et celle-ci réagit à son tour et sur le cultivateur et sur le propriétaire. Le propriétaire qui raisonne sait qu'il a tout intérêt à voir ses fermiers s'enrichir. Ce n'est qu'en prélevant sur leurs bénéfices que ceux-ci pourront consacrer à l'amélioration du sol des épargnes productives, ou tout au moins grossir leur capital d'exploitation dont l'importance fait l'importance de la production. S'ils se ruinent au contraire, ils ruinent plus ou moins la propriété en entamant le capital foncier dont ils sont dépositaires, en épuisant les facultés productives du sol. Mais loin d'avoir un intérêt quelconque à l'amélioration du sol, l'intermédiaire entre le propriétaire et le cultivateur, le fermier général a des intérêts directement contraires. Prélever à son profit la plus large part des produits dans un temps donné, voilà sa mission et son but. Le propriétaire avec qui il a traité aura son revenu fixe, une part déterminée d'avance sur l'ensemble des produits. Il ne peut dépendre du fermier général de réduire à la portion congrue le propriétaire, qui s'est muni d'une caution ou d'une garantie lui assurant le recouvrement de sa rente. Mais malheur aux cultivateurs qui tomberont sous la main du fermier général! Ceux-là sont taillables, et le fermier général les taillera. Comme il n'est pas nécessaire d'être capitaliste pour être au moins métayer en Dombes, et qu'il suffit à la rigueur d'avoir deux bras valides et quelques centaines de francs d'économie, les domaines y sont recherchés; la demande étant plus grande que l'offre, il y a concurrence entre les demandeurs. Le fermier général profitera de la situation; il ne recherchera chez le cultivateur ni l'intelligence, ni les qualités morales qui peuvent déterminer un propriétaire en pareil cas; comme il n'a qu'un but, gagner le plus possible, il sous-louera à celui qui consentira à payer le plus cher sa sous-location. S'il reste à ce nouveau métayer de quoi vivre en épuisant le sol, tant mieux pour lui; mais s'il succombe sous le poids de ses charges, on ne lui fera pas des conditions plus douces: on le remplacera. Quant à améliorer le sol, il n'y faut pas songer. Le fermier ou le métayer qui sous-loue d'un fermier général, ne fait pas de bénéfices. Il n'a pas non plus de capitaux disponibles : il ne sous-traiterait pas dans ces conditions s'il en avait. La misère pour le cultivateur, la ruine pour le sol, voilà les deux conséquences inévitables de l'intervention des fermiers généraux dans la culture.

Si l'on ne savait dans quelles conditions exceptionnelles se trouve encore la Dombes, il y aurait vraiment lieu de s'étonner que ce fléau ait pu prendre à certaine époque le développement qu'il a eu. Il y a vingt ans à peine, la Dombes d'étangs, presque tout entière, était exploitée par des fermiers généraux.

Le progrès des voies de communication et une meilleure entente des intérêts du sol, de la part des propriétaires, ont heureusement porté un rude coup à cette institution. Il existe encore des fermiers généraux en Dombes, mais en fort petit nombre.

Les propriétaires Lyonnais surtout n'ont pas voulu d'intermédiaire entr'eux et la culture. Ils ont compris que l'intervention des fermiers généraux n'était pas seulement la ruine du présent, mais encore et surtout un obstacle à tout progrès dans l'avenir.

Somme toute, la constitution de la propriété en Dombes tend à devenir de jour en jour plus favorable à l'amélioration du sol. Les fermiers généraux disparaissent rapidement ; et si les propriétaires, dégoûtés de la culture par l'insuccès de quelques tentatives, se tiennent encore à l'écart, le jour ne saurait être éloigné où ils comprendront que la qualité de possesseur du sol implique des obligations morales. Sans doute il faudra bien des capitaux à la Dombes pour arriver au développement de richesses que comportent la nature de son sol et sa position exceptionnelle dans le voisinage immédiat d'une grande ville; Mais ces capitaux, la propriété de la Dombes les possède. Elle n'a qu'à savoir d'abord et à vouloir ensuite; elle pourra tout sur la destinée de ce pays.

CHAPITRE V

CONSTITUTION DE LA CULTURE.

La culture en Dombes est tout à fait distincte de la propriété. Les propriétaires n'habitant pas le pays sont forcés de confier à des tenanciers l'exploitation du sol.

La culture est toutefois beaucoup plus divisée que la propriété : les domaines qui ont plus de 100 hectares sont rares ; l'étendue du plus grand nombre est comprise entre 40 et 60 hectares. C'est à ce dernier chiffre qu'on peut fixer la contenance moyenne des exploitations en Dombes, et leur nombre total à 1,200.

La culture met en œuvre deux éléments principaux auxquels se rattache d'une manière directe le capital consacré à l'exploitation du sol. Ces deux éléments sont le travail et l'engrais. Dans quelques cultures spéciales, et notamment dans les cultures arbustives, l'élément qui domine est de beaucoup le travail : le capital d'exploitation est alors représenté presque tout entier par les instruments de travail et par le capital argent destiné aux salaires. Dans la culture ordinaire, l'engrais joue un rôle beaucoup plus considérable ; et il n'y a application de travail, ou tout au moins application fructueuse qu'à la condition seulement qu'un poids donné de fumure corresponde à une somme donnée de travail. Ces rapports entre le travail et la fumure, sont eux-mêmes variables, et peuvent dépendre d'une multitude de causes dans l'examen desquelles je ne veux pas entrer ; tout l'art de l'agriculteur qui veut cultiver d'une façon rationnelle consiste à déterminer le rapport le plus favorable entre ces deux éléments, celui qui convient le mieux aux conditions où ils se trouve, au milieu dans lequel il opère.

Le capital d'exploitation, au point de vue de sa quotité absolue, a une importance que personne ne conteste. Mais en dehors du chiffre total qui le représente, il faut encore se préoccuper d'une chose, de son meilleur mode d'emploi ou de sa répartition.

Quel est donc le capital d'exploitation en Dombes, et quelle est sa répartition?

. Le capital d'un domaine de contenance moyenne (soit 60 hectares ainsi répartis : étangs, 10 hectares ;

bois, 7 hectares ; pâturages , 4 hectares ; prés , 6 hectares ; terres , 33 hectares ;) peut être évalué très-approximativement ainsi qu'il suit :

Mobilier de ménage et mobilier agricole. 1,500 fr.

Une jument........................ 400

Six bœufs de labour.................. 1,200

Animaux de rente (4 vaches , 3 génisses trois veaux et une chèvre)............. 700

Semences et céréales en magasin...... 1,500

Fourrages et pailles................. 1,500

Total........................ 6,800

Soit par hectare de superficie un peu plus de 110 francs.

C'est un capital d'exploitation fort minime , et qui indique énergiquement que la culture du sol en Dombes n'est pas une industrie. Mais il faut remarquer que ce capital ne se distribue pas également sur toute la surface du domaine : les bois, les pâturages et même les étangs n'en absorbent qu'une part insignifiante ; il ne s'applique réellement qu'à 40 ou 45 hectares ce qui le porte à 150 francs environ par hectare de superficie.

La part faite à l'élément du travail sur ce total est de beaucoup la pius forte. Les instruments de travail, les bœufs de labour , la majeure partie des fourrages et des pailles consommés par eux ont presque exclusivement ce caractère. La jument elle-même doit être plutôt considérée comme un animal de trait que comme un animal de rente. Il ne reste donc que les vaches, les génisses et les veaux, et une part minime des fourrages qui représentent spécialement l'élément engrais dans le capital d'exploitation, c'est-à-dire à peine le quart de la valeur totale. Cette distribution nous indique encore comment opère la culture en Dombes : elle travaille et fait travailler, mais elle ne fume pas.

Si le capital d'exploitation peut être évalué sensiblement à 150 francs par hectare de sol cultivé, rien ne serait plus erroné que de croire que ce capital appartient à la culture.

Dans la Dombes, en effet, les bœufs de labour, les animaux de rente, les fourrages, les pailles, les semences sont invariablement attachés au domaine à titre de cheptel et appartiennent au propriétaire. Le cultivateur les trouve à son arrivée et les laisse à son départ. Le mobilier, les instruments de travail et quelques provisions pour attendre la récolte, voilà la part qui revient à la culture sur l'ensemble du capital d'exploitation. Quelquefois même il arrive que le cultivateur ne peut nourrir son personnel jusqu'à la prochaine récolte ; c'est le propriétaire qui lui vient alors en aide et lui prête des provisions. Ainsi, non seulement le capital d'exploitation est insignifiant dans son ensemble et constitué presque exclusivement en vue du travail ; mais encore ce capital n'appartient pas à la culture ; ce qui indique à tous les points de vue que la classe des cultivateurs est une classe extrêmement pauvre, sans ressources pour une féconde exploitation du sol.

Si la culture n'a pas ou presque pas de capital d'exploitation, elle n'a pas non plus le profit que donne ce capital. Ce profit se joint à la rente et revient de droit à la propriété. Aussi tandis que le profit de la culture ou la rémunération du capital d'exploitation et de l'intelligence du cultivateur représente habituellement les 2/3 ou au moins la moitié de la rente, en Dombes il atteint à peine le quart.

Je n'ai pas fait figurer dans le capital d'exploitation ce qu'on nomme capital de roulement. La raison en est bien simple : ce capital n'existe que très-exceptionnellement en Dombes. La seule main-d'œuvre qui se paie en argent est la main-d'œuvre exigée par les travaux exceptionnels, curages, réparations de chaussées, etc., et le salaire des domestiques. Or, le prix des travaux exceptionnels est forcément et toujours à la charge du propriétaire. Quant aux salaires des domestiques, ils ne sont exigibles qu'à la Saint-Martin et ils se prélèvent sur le produit de la récolte immédiatement antérieure.

Faiblesse générale du capital d'exploitation, mauvaise répartition de ce capital entre le travail et le fumier, entre le propriétaire et le cultivateur, tels sont les caractères généraux de la culture en Dombes.

Les tenanciers n'y sont pas des industriels ; ils se distinguent à peine des salariés par une indépendance plus grande.

Le mode d'exploitation du sol en Dombes est tantôt le fermage, tantôt le métayage. On peut dire assez exactement que la moitié des exploitations est soumise au premier de ces régimes, et l'autre moitié au second.

De prime abord on remarque entre le métayer et le fermier de la Dombes une grande différence. Pendant que le métayer vit presque constamment dans la pauvreté et travaille comme ses domestiques pour arriver, en fin de compte, à élever péniblement sa famille, sans pouvoir faire des économies, le fermier vit dans une aisance relative , se promène dans ses terres, se contentant pour tout travail d'une tranquille surveillance. L'esprit d'économie ne lui est pas habituel, et il n'a pas, comme dans certains pays, la passion de la propriété. On dirait que le climat qu'il subit a étouffé ses instincts naturels, et détruit chez lui l'esprit de prévoyance. Il sait d'ailleurs que, pour combattre l'influence de ce climat, une nourriture plus substantielle que la nourriture commune lui est utile, et qu'il est prudent de ne pas se risquer au dehors à certaines heures du jour et à certaines époques de l'année. En conséquence, il a sa table particulière, ne travaille pas ou travaille rarement, et ne manque jamais d'assister aux foires et aux marchés de son ressort.

D'où vient donc cette aisance relative? Est-ce à l'importance de son capital d'exploitation qu'il la doit? Est-ce à une meilleure entente de la culture ?

Hâtons-nous de le dire : ni son capital d'exploitation, ni son habileté ne sont la cause de cette aisance. Le fermier dombiste, à part un petit nombre d'exceptions, n'est ni plus intelligent, ni plus avisé que le métayer. Quant au capital d'exploitation, s'il en a généralement un peu plus, cette différence ne suffit pas à expliquer leur situation respective. On estime, en effet, que le capital d'exploitation du métayer ou plutôt la part qui lui appartient est à peu près égale en valeur au revenu foncier ou à la rente durant une année. Celui du fermier a généralement deux fois la valeur de la rente. Ce n'est certainement pas dans cette différence minime qu'il faut chercher la raison de la différence d'aisance entre le fermier et le métayer.

Ce qui constitue l'aisance relative du fermier, ce sont de meilleures conditions agricoles. Lorsqu'on a dit que le fermage n'était pas une cause mais une résultante d'effets extérieurs, on a eu raison, et les faits le prouvent en Dombes. La constitution agricole du domaine, ou autrement la proportion des cultures, voilà, plus que toute autre cause, ce qui paraît y déterminer le choix entre le fermage et le métayage. Cela est tellement vrai que, de temps immémorial, tel domaine est affermé, pendant que tel autre, au con-

traire, n'a jamais été cultivé qu'à moitié fruits ; et que
le même cultivateur, fermier aujourd'hui, n'a qu'à
changer de domaine , pour devenir métayer , sauf à
redevenir plus tard fermier dans un autre domaine.

L'analyse sommaire des conditions du métayage en
Dombes mettra d'ailleurs cette influence en relief.

Le métayage est établi sur des règles particu-
lières, imposées par les conditions exceptionnelles du
pays. Comme le propriétaire du sol est aussi possesseur
de la majeure partie du capital d'exploitation, il doit
naturellement prélever sur la production totale non
seulement la moitié des produits végétaux , mais encore une partie quelconque des produits animaux.
Cette part de la production animale , qui représente
l'intérêt du capital d'exploitation directement fourni
par le propriétaire , est ce qu'on appelle le *droit de
cour*.

Le droit de cour se paie tantôt en nature et tantôt
en argent. Avec le fermage, il se paie naturellement
sous cette dernière forme. Avec le métayage , il se
paie quelquefois en nature : c'est ce qu'on appelle le
droit de *grande cour* ; dans ce cas le propriétaire a la
moitié du croît des animaux , non compris quelques
redevances de volailles. Mais le plus souvent le droit
de cour se paie en argent et prend le nom de droit
de *petite cour*. Le propriétaire perçoit alors une somme
fixe d'argent stipulée dans le bail et qui , s'élevant à
8 ou 9 fr. en moyenne par hectare de superficie,

paie dès lors l'intérêt du capital d'exploitation fourni directement par le propriétaire au taux de 6 à 7 0/0.

En dehors du droit de cour, le partage des fruits n'a pas lieu par portions égales entre le propriétaire et le cultivateur. Dans ce malheureux pays, la position du métayer est telle et les frais de culture si élevés que, si le partage avait lieu également entre les deux intéressés, le métayer ne pourrait vivre, et l'exploitation du sol deviendrait impossible. Pour alléger les charges de la culture, voici la combinaison qui a été adoptée :

L'impôt est exclusivement à la charge du propriétaire. Le métayer qui a sa part des produits ne contribue en rien, à moins de stipulations formelles et de circonstances très-exceptionnelles, aux charges qui pèsent sur ces produits.

De plus le battage et la moisson ont été considérés comme des travaux exceptionnels, et comme tels mis à la charge de la propriété.

Nous savons déjà que ces travaux s'exécutent à la fois par des ouvriers étrangers et par les ouvriers du pays, que les salaires de la moisson et du battage se paient en nature et s'élèvent aux dix-neuf centièmes du produit brut de la récolte. Nous savons, en outre, que cette part du produit qu'on appelle *affanures* est répartie par portions égales entre les ouvriers qui ont concouru régulièrement aux travaux de la moisson et du battage, et que ce n'est qu'après le prélèvement des affanures et des semences que le partage s'opère entre le propriétaire et le métayer. Or celui-ci, qui par lui-même et par ses domestiques a concouru à la moisson et au battage dans la proportion des 2/5 environ du travail total, a, par conséquent, les deux cinquièmes des affanures; et comme le système des affanures a pour conséquence de payer au taux de 4 fr. 60 c. la journée de travail effectif appliqué à la moisson et au battage, il en résulte que le métayer a bénéficié de ces salaires durant toute la période des travaux de moisson et de battage, dans la proportion des bras qu'il a pu appliquer à ces travaux. Il est vrai qu'il a eu à sa charge la nourriture des ouvriers étrangers durant la même période; mais les frais de nourriture en Dombes sont fort peu élevés, et défalcation faite de cette dépense, il n'en reste pas moins au métayer un avantage assez considérable; en même temps qu'il en résulte à son profit un partage fort inégal des produits. Lorsqu'il revient au propriétaire pour sa part un hectolitre de blé ou l'équivalent par hectare de superficie du domaine, c'est beaucoup.

Bien que l'impôt soit exclusivement à la charge du propriétaire, bien que le système des affanures pèse beaucoup plus sur la propriété que sur la culture, le métayer ne pourrait pas vivre encore dans la plupart des cas s'il ne jouissait d'un autre avantage, celui de faire dans les *verchères* des cultures spéciales de pommes de terre, maïs, etc., non sujettes au partage, et dans les autres terres des cultures dérobées de sarrasin après l'enlèvement du blé. Cette nouvelle inégalité accuse, comme les précédentes, la triste situation du métayer en Dombes et par conséquent les vices d'un désastreux système de culture. Avec sa part exempte de charges et beaucoup plus considérable que celle du propriétaire, le métayer peut à peine payer les salaires de la culture. Pour vivre, il lui faut des cultures spéciales faites exclusivement à son profit, et il se ruinerait infailliblement s'il consommait une part tant soit peu importante des céréales qu'il produit. Il travaille dans la mesure de ses forces, n'a pour les réparer qu'une alimentation de qualité inférieure, et il arrive finalement à faire moins d'économies que ceux de ses domestiques à gages qui sont célibataires.

La position du propriétaire de la métairie n'est pas non plus fort brillante. La part de produits qui lui revient soit en droit de cour, soit en céréales, équivaut à 24 ou 25 fr. par hectare de superficie. Mais il doit sur ce produit prélever la part de l'impôt et certains frais de gestion. Le partage avec le colon exige sa présence en Dombes, ou tout au moins l'intervention d'un régisseur à l'époque du battage, ce qui est onéreux pour lui dans tous les cas. Mais si faible que soit la part du propriétaire, si onéreuse que soit pour lui la gestion de son domaine, cette part il ne l'obtient qu'à la condition même du métayage; car les domaines à métayer sont ceux où la production est la plus faible et où les frais de culture sont les plus élevés, ceux qui ont le moins d'étangs, de bois et de prairies, avec l'étendue relative la plus considérable de terres arables. Un fermier vivrait peut-être dans ces domaines; mais à coup sûr il n'y paierait pas de rente. Voilà pourquoi le métayage y existe.

Sous tous ces rapports, la position du fermier est meilleure. S'il ne fait pas d'économies, ou s'il en fait rarement, il vit au moins dans une certaine aisance; et ses domestiques participent eux-mêmes à cette aisance dans une certaine mesure. C'est que le fermier a plus d'étangs, plus de bois et plus de prairies que le métayer, c'est-à-dire moins de frais de culture pour la même surface et surtout plus de fumier. Avec plus de fumier il a plus de blé; il peut en consommer lui-même et payer à peu près régulièrement la rente. Voilà pourquoi il est fermier.

Les domaines constitués sur certaines bases et permettant au cultivateur de vivre et de payer la rente, sont les domaines où le fermage existe. Ceux qui sont mal constitués, qui produisent peu et exigent de grands frais de culture, sont les domaines à métayage.

Bien que le propriétaire ne pèse pas sur le fermier comme il est obligé de le faire sur le métayer pour retirer quelques produits du sol, sa position est généralement meilleure avec le fermage qu'avec le métayage. Si la rente est quelquefois inférieure à 20 fr. l'hectare, elle est généralement au-dessus et peut même s'élever jusqu'à 30 fr. Si même il arrive qu'elle ne soit pas payée dans les mauvaises années, le propriétaire n'est pas obligé du moins de surveiller la culture et de venir en Dombes de loin en loin; ce qui, pour beaucoup de propriétaires éloignés du pays, est un avantage réel.

Quelque soit le mode d'exploitation du sol, métayage ou fermage, les baux sont, comme presque partout en France, d'une durée très-limitée. Les baux les plus longs sont de neuf ans; et dans la majeure partie des cas ils sont résiliables, à la volonté de l'une ou de l'autre des parties contractantes, de trois ans en trois ans.

On a beaucoup écrit en France sur la longueur des baux : il est généralement admis que le système des baux à long terme est, avant tout, le plus favorable à l'amélioration du sol. On s'est appuyé, pour démontrer cette vérité, sur cette considération que les capitaux enfouis dans le sol par la culture ne peuvent lui rentrer qu'au bout d'un certain nombre d'années, et qu'elle a, dès-lors, d'autant plus d'intérêt et de facilités à faire des améliorations productives qu'elle a contracté avec la propriété des engagements plus longs. Ce principe est incontestablement vrai, et je ne viens pas le contredire. Je veux faire observer seulement qu'il n'a pas actuellement de raison d'être en Dombes, et que son application y serait sans utilité. Pour que la culture fasse des améliorations, il faut tout à la fois qu'elle en ait le goût et qu'elle dispose de capitaux ; mais la culture en Dombes est malheureusement aussi dépourvue d'initiative que de ressources. Lorsque la chaux s'est introduite dans le pays, elle a rencontré, de la part des cultivateurs, des résistances incroyables et un véritable soulèvement. Malgré ses avantages immédiats, manifestes, il a fallu nombre d'années aux propriétaires pour opérer la conviction chez les cultivateurs et les amener à employer ce précieux amendement dont la propriété faisait alors tous les frais. Aujourd'hui les résistances sont vaincues, et la chaux a conquis sa place dans la culture. Mais le cultivateur est rarement en état de faire les avances du chaulage ; c'est encore la propriété qui, dans les neuf dixièmes des cas, les fait elle-même.

Une clause d'origine ancienne, qui est aujourd'hui tombée en désuétude, se glissait autrefois dans les baux. Le preneur, après avoir fait estimer la valeur du cheptel au moment de l'entrée en exploitation, se réservait la faculté de le remplacer à la sortie par un nombre égal d'animaux, ou d'en payer la valeur au taux de l'estimation faite sur l'inventaire. Ce système, par trop favorable à la culture, était extrêmement onéreux pour la propriété. Le prix du bétail étant sujet à des variations considérables, toutes les fois que le propriétaire changeait de fermier ou de métayer, il avait à supporter la différence de va-

leur du cheptel entre le moment de l'entrée et le moment de la sortie. Le capital d'exploitation tendait ainsi à disparaître sans cesse, et le propriétaire ne pouvait le maintenir qu'à la condition de sacrifices onéreux. Pour couper court à cet abus, on stipule généralement aujourd'hui que le cheptel devra être restitué tête par tête, poids par poids, etc., sans que le tenancier puisse se prévaloir d'une estimation antérieure.

La clause relative aux usages du pays, en matière de culture, est une clause qui n'est malheureusement que trop générale, et qui n'a plus de raison d'être. L'usage du pays c'est, à part la culture des étangs, la culture à force de bras, la jachère avec ses quatre labours, le travail sans fumier et, finalement, un produit très-faible, des frais énormes et la misère pour le sol, pour la culture et pour la propriété. Nous vivons à une époque de transformation où la propriété n'a plus à se garantir contre les tentatives ou les essais de la culture. Le système de culture est lui-même tel en Dombes, qu'il est difficile d'imaginer quelque chose de plus désastreux. A quoi bon se précautionner contre un danger chimérique ? Et combien seraient plus fécondes des clauses spéciales ayant pour objet l'amélioration progressive du sol par le concours simultané de la propriété et de la culture ! Je sais bien qu'il y a tendance, chez certains propriétaires, à entrer dans cette voie, et que quelques résultats ont pu être déjà obtenus. Mais, outre que cette tendance n'est point assez générale, on peut dire qu'elle n'est pas suffisamment éclairée. Pour ne citer qu'un fait, on chaule depuis 20 ou 30 ans, et la jachère occupe encore le tiers de la surface arable totale. Si les propriétaires eussent exigé des modifications à la culture en raison même du chaulage, toute cette surface serait aujourd'hui consacrée à des récoltes fourragères, et la production de la Dombes serait accrue de moitié.

Un grand fait doit ressortir des considérations qui précèdent : c'est l'impuissance de la culture pour la régénération de la Dombes. Les cultivateurs peuvent beaucoup pour un pays quand ils sont actifs, économes et aisés. Il ne s'agit alors que de diriger ces facultés et ces ressources vers l'amélioration du sol, ou tout au moins il suffit de ne pas former obstacle à cette direction pour arriver aux plus heureuses conséquences. La culture de la Dombes, au contraire, n'a rien de ce qu'il faut pour marcher à la conquête du progrès : elle est dépourvue à la fois d'initiative et de force physique ; elle est imprévoyante et elle est pauvre.

Une révolution agricole est cependant nécessaire en Dombes, et tout annonce que cette révolution est prochaine. Si la culture ne peut pas apporter à la propriété, dans cette œuvre difficile, le contingent d'un concours bien actif, il faut éviter du moins d'en faire un obstacle insurmontable. Il ne me paraît ni équitable ni nécessaire de sacrifier ses intérêts, même momentanés, aux besoins de la cause agricole ; mais il serait téméraire de lui abandonner cette cause dont elle ne peut se charger. Que la propriété, pour s'en faire un auxiliaire, lui fasse des conditions avantageuses, rien de mieux assurément ; mais le jour où la propriété voudra sérieusement la transformation de la Dombes, elle devra compter principalement sur elle-même ; et ce qu'elle aura de mieux à faire, ce sera, après avoir assuré le sort de la culture, de ne pas prendre avec elle des engagements défavorables au but poursuivi et surtout des engagements à longue échéance. La culture ne doit jouer qu'un rôle passif ; c'est à la propriété de lui imprimer énergiquement et sans résistance possible la direction à suivre. Pour atteindre le but, aucun moyen ne me paraît meilleur que l'usage de baux sagement conçus, et peut-être, durant quelques années, l'usage exclusif de baux résiliables à la volonté du propriétaire.

—◦—

CHAPITRE VI

LES ÉTANGS.

La surface cadastrale des quarante-deux communes qui forment plus spécialement la Dombes insalubre se décompose ainsi :

Etangs.........................	15,354 hect[res].
Bois..........................	12,492
Terres arables..................	32,382
Prés..........................	7,662
Pâturages	4,667
Cours, chemins, bâtiments, etc.....	3,331
Total.............	75,888 hect[res].

Depuis les opérations cadastrales, certaines modifications ont été apportées à cette division, et je dois en tenir compte. On a desséché des étangs ; on a défriché des bois, des pâturages, et l'on a augmenté quelque peu la surface des prairies et surtout la surface arable ; les cours d'eau ont été élargis ; des chemins nouveaux se sont ouverts. La division précédente ne rendrait donc que très-imparfaitement compte de la situation actuelle. Je crois que la division suivante se rapproche beaucoup plus de la vérité :

Étangs.......................... 14,000 hect^{res}.
Bois........................... 12,000
Terres......................... 34,000
Prés........................... 8,000
Pâturages 4,000
Cours, etc..................... 3,888
                              ____
          Total............. 75,888 hect^{res}.

Les étangs sont des réservoirs artificiels destinés à l'élevage du poisson.

Ils sont établis, ainsi que j'ai déjà eu l'occasion de le dire, dans le fond des vallées secondaires ou dans les plis de terrain qui viennent y aboutir. Les eaux y sont retenues par une chaussée transversale à la pente du sol, et par conséquent perpendiculaire à la direction générale des eaux.

Le *bief* est un fossé intérieur qui alimente l'étang, le traverse dans toute sa longueur en suivant le thalweg du vallon, et sert à l'évacuation des eaux par un appareil spécial établi sur la chaussée dans la partie la plus basse de l'étang, et auquel on a donné le nom de *bonde* ou de *thou*.

Les étangs sont fréquemment établis en *chapelet*, c'est-à-dire immédiatement à la suite l'un de l'autre, séparés entre eux par une seule chaussée. Dans ce cas, la *queue* de l'étang inférieur ou l'extrémité d'amont de cet étang vient s'appuyer sur la chaussée de l'étang supérieur et quelquefois la baigner.

La différence de niveau entre la queue de l'étang et le point où est établie la bonde, représente la pente du sol dans le sens du cours d'eau, et elle est représentée à son tour par la hauteur de la chaussée sur la bonde. Un étang de 1 kilomètre de long a presque toujours une chaussée haute, sur ce point, de 3 à 4 mètres au *minimum*. La pente du sol dans le sens du bief est donc presque toujours de 3 à 4 millimètres par mètre.

La plus grande largeur d'un étang ayant un kilomètre de longueur et 40 à 50 hectares de superficie est de 5 à 600 mètres vers la chaussée. Il en résulte que la pente des versants sur lesquels repose la chaussée est presque constamment de 1 à 2 centimètres par mètre, c'est-à-dire 3 à 5 fois plus considérable que la pente du bief.

Ce simple exposé suffit pour démontrer qu'il y a entre les étangs et les marais une différence radicale. Dans les marais, les eaux n'ont pas d'écoulement. Dans les étangs de la Dombes, au contraire, la pente du sol est très-forte dans tous les sens, et il ne peut y avoir étang qu'à la condition même d'une forte pente. Pour dessécher l'étang et faire écouler les eaux, il suffit d'ailleurs de lever la bonde.

Les étangs sont en effet alternativement cultivés en eau — et en avoine ou en blé.

La culture en eau porte le nom d'*évolage*, et la culture en céréales celui d'*assec*.

L'évolage dure généralement deux ans, et l'assec une année.

Rien de plus compliqué que la propriété des étangs de la Dombes.

Non seulement l'évolage et l'assec peuvent appartenir et appartiennent le plus souvent à des propriétaires distincts; mais encore il se rencontre parfois que l'évolage d'un étang a plusieurs propriétaires, et le plus fréquemment l'assec en a un nombre considérable.

Les propriétaires de *pies* (parcelles) d'assec ont en outre sur l'étang des droits d'*abreuvage*, de *naisage*, de *brouillage* et de *champéage*, à moins qu'ils ne les aient aliénés par acte formel.

Nous verrons plus loin que ces droits divers, alors même qu'ils appartiennent à d'autres qu'aux propriétaires de l'évolage ou de l'assec, ont été déclarés rachetables par la loi du 21 juillet 1856; que la même loi a en outre simplifié le mode de procédure pour la licitation des étangs de la Dombes, et attribué au Préfet le droit de poursuivre la licitation dans le cas de dessèchement d'office, en vertu de la loi des 11-19 septembre 1792.

En dehors de cette complication d'intérêts et de droits dont l'usage n'est réglé par aucune loi écrite, mais simplement par les habitudes locales et par deux actes de notoriété du 16e siècle, les étangs sont encore soumis à des servitudes dérivant de leur position réciproque. L'étang supérieur doit se vider à telle année et à telle époque, non seulement afin de livrer le sol aux propriétaires de l'assec, mais encore afin de livrer ses eaux à l'étang inférieur qui a le plus souvent sur elles, et à un moment déterminé, un droit de propriété. L'étang inférieur, à son tour, doit recevoir les eaux de l'étang supérieur, et leur donner passage soit par son bief intérieur, soit par un bief de ceinture auquel on a donné le nom de *rivière de détourne*.

On conçoit facilement que cette organisation si compliquée doive donner lieu à de grandes difficultés et soulever devant les tribunaux de nombreuses questions d'intérêt. Aussi est-il généralement admis en Dombes que les étangs sont des *nids à procès*.

Les étangs se distinguent généralement en *étangs brouilleux* et en *étangs blancs*.

Les étangs brouilleux sont ceux qui, durant l'évolage, se couvrent au printemps et à l'automne d'une graminée marécageuse (*festuca fluitans*), à laquelle dans le pays on a donné le nom de *brouille* et qu'on fait pâturer par les bêtes à cornes et par les chevaux.

Les étangs brouilleux sont généralement peu profonds, par conséquent doublement insalubres, soit parce qu'ils se découvrent facilement en été, soit parce qu'ils donnent naissance à une production abondante de végétaux marécageux qui entrent en fermentation sous l'influence de la chaleur. A raison de la faible quantité d'eau qu'ils peuvent emmagasiner, ils ne donnent constamment qu'un faible produit en poisson, et l'évolage n'y a qu'une valeur peu élevée. Par contre, le droit de *brouillage,* soit de faire paître la brouille au printemps et en automne, y devient un droit important.

Les étangs blancs sont ceux qui ne se couvrent pas de brouille, à raison de la hauteur de leurs eaux. La culture en eau y est généralement plus productive, et la valeur du droit de brouillage, insignifiante ou nulle.

Ce qui caractérise la valeur de l'étang au point de vue de l'assec, c'est l'épaisseur de la couche alluviale qui forme le sol. Par leur position dans le fond des vallées, les étangs reçoivent toutes les eaux des terrains environnants, et par conséquent les molécules terreuses qu'elles entraînent. Il se produit donc sur toute la surface de la Dombes un vaste système de colmatage, qui a pour résultat de dénuder et d'appauvrir les parties élevées du plateau au profit des étangs dont le bassin s'exhausse sans cesse par suite de l'apport journalier des eaux. Plus cet apport est considérable, et

il l'est d'autant plus que le bassin de l'étang est plus
étendu et plus pentueux, plus aussi la qualité du sol
devient meilleure et la valeur de l'assec élevée.

Les espèces de poissons cultivées dans les étangs de
la Dombes durant l'évolage sont la carpe, la tanche et
le brochet.

Bien qu'un certain nombre d'étangs soient pêchés
aujourd'hui après une année de culture en eau, surtout ceux dont l'assec et l'évolage appartiennent au
même propriétaire, je ne parlerai ici que de la pêche
à deux ans et de la culture d'assec qui suit cet évolage, parce que ce système est beaucoup plus général,
et que d'ailleurs la différence du produit dans l'un ou
l'autre de ces cas est le plus fréquemment compensée
par la différence des frais de culture.

Pour empoissonner un étang à deux ans, on met
en moyenne, par hectare de superficie, 9 kilog. de
carpes, 10 kilog. de tanches et 2 à 3 kilog. de bro-
chetons.

La valeur de cet empoissonnage est de 15 f. environ.

Au bout de deux ans, on trouve généralement :

     80 kilogrammes de carpes,
     60 kilogrammes de tanches,
     25 kilogrammes de brochets.

La valeur de cette pêche a, sur la chaussée, au taux
moyen de 60 fr. les 100 kilog., une valeur de 100 fr.
environ.

Le poids primitif s'est accru dans le rapport de 1 à 8, et la valeur du produit dans le rapport de 1 à 6,7 environ.

Au sortir des bannetons, le produit de cette pêche aurait, à poids égal, sur le marché de Lyon, une valeur moyenne de 130 fr. Le transport dans les bachuts, le séjour dans les bannetons, le déchet, les frais de vente et le bénéfice des marchands absorbent la différence entre le prix de vente sur le marché de Lyon et le prix de vente sur la chaussée.

La pêche a lieu en avril, mai et septembre, lorsqu'on veut ensemencer l'étang en blé ; elle a lieu en décembre, janvier, février et mars, lorsqu'il doit être ensemencé en avoine.

Transporté jusqu'à la Saône ou à l'Ain dans des tonnettes placées sur des chariots, ce poisson est de là rendu à Lyon au moyen de *bachuts* ou de filets, puis emmagasiné dans des réservoirs spéciaux appelés *bannetons*, construits et gérés aux frais d'une société de propriétaires d'étangs de la Dombes. Le séjour du poisson dans les bannetons a pour but de le faire dégorger, d'améliorer la qualité de sa chair. Il est tiré de là au fur et à mesure des besoins du commerce ; le gérant de la société est chargé de la vente en gros et de la répartition de son produit entre les intéressés.

Les frais de pêche et de transport jusqu'à l'un des cours d'eau navigables qui entourent la Dombes absorbent de 10 à 12 francs par hectare. En y comprenant les frais d'empoissonnage, c'est une somme totale de 25 à 27 fr. par hectare à prélever sur le produit brut de la pêche. Il reste 73 à 75 fr. environ pour l'impôt et la rente du sol pendant deux ans et pour le profit du cultivateur, si l'étang n'est pas exploité directement par le propriétaire.

La culture en eau doit être considérée d'ailleurs comme une jachère et même comme la plus simple, la moins coûteuse et la plus productive des jachères. Durant l'évolage en effet le sol s'est enrichi de détritus végétaux et animaux qui lui tiennent lieu d'une riche fumure; il a fourni en outre un pâturage relativement abondant, qui a contribué à élever sur le domaine dont l'étang fait partie un bétail nombreux. Or, cette jachère qui paie à peu près la rente du sol durant deux années par le produit de la pêche, n'a coûté aucune autre dépense de main-d'œuvre que celle de la pêche et du transport, et l'ensemencement va s'y faire sur un simple labour de 12 à 15 centimètres de profondeur.

La culture du blé réservée aux meilleurs fonds d'étangs est un peu chanceuse. Si l'été est sec, si l'ensemencement a eu lieu dans de bonnes conditions, les blés d'étangs seront presque toujours les plus beaux du pays. Leur produit est alors de 7 à 8 pour un de semence, soit de 16 à 17 hectolitres par hectare, semence déduite. Dans une année humide, au contraire, la culture du blé ne donnera qu'un produit de 8 à 9 hectolitres. En moyenne, on peut évaluer le rendement du blé sur étang à 10 hectolitres par hectare, semence déduite. Au prix moyen de 18 fr. l'hectolitre, c'est un produit brut d'une valeur de 180 fr. par hectare.

La culture de l'avoine donne un produit d'une valeur moins élevée, mais plus sûr, l'avoine résistant beaucoup mieux que le blé dans les printemps humides. Le rendement moyen de l'avoine, déduction faite de la semence, est de 20 hectolitres à l'hectare qui, au prix moyen de 7 fr. l'hectolitre, donnent un produit d'une valeur totale de 140 fr.

On peut estimer que plus des deux cinquièmes de la surface totale des étangs de la Dombes, soit 6,000 hectares sur 14,000, sont annuellement en assec, et que le quart de la surface d'assec (1,500 hectares) est cultivé en blé, le reste étant cultivé en avoine.

La production moyenne annuelle de la culture d'assec représente donc une valeur approximative de 152 fr. par hectare.

En déduisant de ce produit les frais de culture, savoir :

Pour les salaires proprement dits et les affanures du domaine...................... 39 f. »
Pour les affanures exportées .... 18 »
Pour les frais accessoires (matériel de culture)....................... 2 »

Soit une somme totale de........... 59 f. »

il reste une somme de 93 fr. environ pour la rente du sol et pour le profit de la culture.

En comparant ce produit net à celui de l'évolage, on trouve une différence assez marquée au profit de l'assec. Mais je dois faire observer que cette différence est fictive en majeure partie, parce que d'un côté je n'ai évalué en argent ni la valeur du brouillage pendant l'évolage, ni la valeur de la paille fournie par l'assec, et que de l'autre je n'ai pas tenu compte, dans les frais de culture de l'assec, de la valeur du travail des animaux. Somme toute, si l'on faisait entrer ces éléments dans le calcul, on trouverait un produit net à peu près égal pour l'assec et pour l'évolage. Aussi peut-on dire en moyenne qu'aujourd'hui l'assec et l'évolage de deux ans ont l'un et l'autre la même valeur, et donnent à leurs propriétaires un revenu sensiblement égal.

L'élévation relative du produit de la culture d'assec dans les étangs ne doit pas étonner outre mesure. Outre que la jachère en eau est essentiellement améliorante, les étangs occupent encore, par leur position dans le thalweg des vallées, les meilleurs fonds de terrain, ceux dont la couche arable est la plus épaisse et la plus riche. Certains étangs sont devenus de véritables réservoirs d'engrais, et présentent une couche d'alluvions noirâtres de près d'un mètre d'épaisseur.

Si l'on joint au produit brut de l'assec d'un étang celui de l'évolage, défalcation faite de la valeur de l'empoissonnage qui , tiré de certains étangs spéciaux de la Dombes, joue le même rôle que la semence pour les cultures et ne doit dès-lors être envisagé que comme moyen de production , on voit que le produit total durant une période de trois ans est par hectare et en argent :

Evolage................... 85 f. »

Assec .... 152 »

Total........... 237 »

Soit par année moyenne, 79 fr. par hectare.

La répartition de ce produit entre les éléments qui ont concouru à sa formation est très-approximativement celle-ci :

Rente et impôt.................... 35 f. »

Salaires et affanures de la culture..... 17 »

Affanures exportées................ 6 »

Frais accessoires de culture.......... 1 »

Profit du cultivateur............... 20 »

Total.......... 79 »

Dans cette évaluation et dans celles qui devront suivre, je ne confonds pas les affanures exportées avec les salaires proprement dits , bien que les affanures ne soient qu'une forme particulière de salaires. J'admets que les trois cinquièmes des affanures sont attribués aux moissonneurs et aux batteurs étrangers qui viennent faire la moisson et le battage en Dombes, et emportent avec eux dans les pays voisins , exportent en un mot le salaire en nature destiné à rémunérer leur travail. Les trois cinquièmes des affanures ne profitent donc pas aux gens du pays; ce sont des salaires exportés et consommés ailleurs.

Cette distinction est capitale dans une étude où il s'agira d'apprécier ultérieurement l'intérêt de la culture au maintien ou à la suppression des étangs.

Le produit annuel des 14,000 hectares d'étangs de la Dombes est donc de 1,106,000 francs qui, après 490,000 fr. prélevés pour la rente et l'impôt,

»	238,000	pour les salaires et les affanures de la culture,
»	84,000	pour les affanures exportées,
»	14,000	pour les frais accessoires,
laissent	280,000	pour le profit annuel de la culture.

Total, 1,106,000 fr.

Au premier abord, ces chiffres ont un aspect consolant; et si le produit total n'est pas très-élevé, la répartition de ce produit présente du moins quelques caractères remarquables. Ce qui frappe surtout, c'est l'énorme disproportion qui existe entre la valeur du produit et le chiffre alloué aux salaires, entre l'importance de la production et la somme de travail qui a dû concourir à cette production. Les salaires en effet n'absorbent dans la culture des étangs que 29 pour cent du produit total, c'est-à-dire une quotité inférieure à la part qui leur est faite dans tous les systémes de culture connus, si ce n'est pourtant dans la culture purement pastorale ou forestière. De plus, et c'est là une considération qui a sa valeur et dont je devrai tenir compte lorsque je parlerai de la transformation de la Dombes, les étangs n'ont besoin, pour se soutenir, ni de prés, ni de bétail, ni de fumier, et, en outre des produits commerciaux dont j'ai évalué l'importance, ils fournissent des pâturages pour le bétail et des pailles pour la litière. Si l'on se rappelle alors que la Dombes est un pays dépeuplé, ne disposant que d'une somme de bras insuffisante à la culture de son sol ; si l'on sait en outre qu'elle est privée d'engrais autant que de main-d'œuvre, on s'éprend involontairement d'admiration pour un système de culture qui n'exige qu'une somme minime de travail, qui produit des fumiers et réalise en outre un produit brut de 79 francs par hectare de superficie. Assurément ce système de culture est l'idéal de la production agricole pour les pays pauvres et dépeuplés comme la Dombes ; et il semble qu'il doive entraîner dans un court espace de temps la richesse et le bien-être. Malheureusement il est entaché de deux vices organiques : après tout ce que j'ai dit déjà, je n'aurai pas de peine à démontrer que les apparences sont seules séduisantes, et que le côté purement agricole de la question des étangs est intimement lié à l'insalubrité dont ils sont la cause, en sorte que, sous quelque face qu'on l'envisage, la culture des étangs est une des choses les plus affligeantes qui soient au monde.

La rente des étangs, il est vrai, est plus élevée que la rente du sol en culture. Mais cet avantage qui n'est qu'apparent, — car je démontrerai plus tard que l'infériorité de production et par conséquent la faiblesse générale de la rente en Dombes est due exclusivement à l'influence des étangs sur la culture, — cet avantage apparent, dis-je, ne profite en rien à la Dombes. Les neuf dixièmes de la rente payée au capital foncier par la culture des étangs vont alimenter le luxe des villes ou grossir les bénéfices de l'industrie; il n'en revient rien ou à peu près rien au pays d'étangs.

Les salaires doivent se diviser, ainsi que je l'ai dit, en salaires proprement dits et en affanures exportées. Ces dernières ont le même caractère que la rente : elles ne profitent pas au pays.

Quant aux salaires proprement dits, ils ne comprennent pour la culture des étangs que les frais de pêche, un labour d'ensemencement, un hersage et les deux cinquièmes de la moisson et du battage, soit l'équivalent de vingt-une journées d'hommes pour la rotation, par conséquent sept journées par an.

Assurément une rémunération de 17 francs pour sept journées de travail est une rémunération élevée. Mais ce n'est pas ici la simple rémunération d'un travail : il y a avant tout dans ce chiffre une prime sur la santé et même sur la vie du travailleur. L'élévation du salaire a donc ici le plus mauvais de tous les caractères : elle n'est pas l'expression d'un travail productif et le signe de la richesse du pays; elle accuse énergiquement ses mauvaises conditions hygiéniques.

Reste le profit de la culture qui s'élève, en moyenne et sur un cours de culture de trois ans, à 20 fr. environ par hectare et par année.

Ce profit, à lui seul et par la succession du temps, eût suffi pour constituer en faveur de la culture une masse d'épargnes telles qu'elle eût pu créer un capital d'exploitation considérable, et amener par le revenu toujours élevé de ce capital la prospérité dans le pays. Malheureusement ce n'est pas la culture qui en a le plus souvent profité; c'est la spéculation étrangère et les fermiers généraux. Les étangs, en effet, au moins les plus importants, ne sont presque jamais exploités par les cultivateurs de la Dombes. Pour faire les frais de l'empoissonnage et de l'ensemencement sur des surfaces étendues dont la culture spéciale réclame à un moment donné le concours d'un certain capital et d'un grand nombre de bras, il faut une somme d'avances assez forte, et la culture du pays n'a pas le moyen de faire ces avances. Entre les cultivateurs trop pauvres pour pouvoir s'enrichir par cette culture, et les propriétaires qui n'habitent pas le pays et dont quelques-uns n'y viennent jamais, tant ils en redoutent l'influence, des intermédiaires ont trouvé place, au grand détriment de la culture et par suite de la propriété.

Comme les *Middlemen* en Irlande , les fermiers généraux de la Dombes ont prélevé une large dîme sur les bénéfices de la culture des étangs ; les éléments de fortune qu'ils ont trouvés dans cette culture, sans avoir fécondé le sol de leurs capitaux, sans l'avoir arrosé de leurs sueurs, expliquent assez la chaleur qu'ils ont apportée à sa défense. De toutes les influences qui ont pesé sur la Dombes , c'est là peut-être la moins appréciée et pourtant la plus funeste dans ses résultats ; car elle s'attaquait directement au profit de la culture, c'est-à-dire à cette part de la production qui joue un rôle si fécond en agriculture, à cette part qui peut à elle seule faire la fortune d'un pays et sans le concours de laquelle aucun pays riche aujourd'hui n'est arrivé à la fortune.

A part l'insalubrité qui l'accompagne, la culture des étangs, considérée isolément, est donc une culture précieuse à quelques points de vue. Les étangs sont producteurs d'engrais et n'exigent qu'une somme de travail minime, double circonstance heureuse pour un pays privé de bras et de fumiers. Mais l'insalubrité a été pour le pays la boîte de Pandore, la source de tous les maux : elle a éloigné le propriétaire ; elle a élevé démesurément le taux des salaires ; elle a produit le système désastreux des affanures ; elle a facilité la fâcheuse interposition du fermier général entre le propriétaire et le cultivateur ; elle a fait prélever en un mot sur le chiffre total de la production tout ce qui n'était pas strictement nécessaire à la subsistance d'une population maladive. Une partie minime du profit et les salaires, voilà, en dernière analyse, la part qui revient à la Dombes sur la production de ses étangs, la part sur laquelle elle doit vivre et faire des épargnes si elle peut.

Les étangs présentent en outre ce singulier caractère que la science agricole n'a révélé pour eux aucune chance d'amélioration et de progrès, et que le temps, au lieu d'accroître leur valeur, n'a fait que la diminuer. Avant la fin du dernier siècle, la prescription religieuse du maigre était à la fois plus fréquente et plus régulièrement observée, et la marée ne venait pas comme aujourd'hui faire au poisson d'eau douce une active concurrence sur le marché de Lyon. Le poisson des étangs était un produit recherché ; il avait une valeur relative considérable. Cette valeur s'est beaucoup amoindrie depuis, et il n'y a pas lieu d'espérer que la production sur un espace limité vienne à augmenter dans des proportions qui puissent compenser cette diminution progressive de valeur.

Mais si le bilan des étangs considérés isolément est déjà triste par les conséquences directes dont ce régime a été la source, il le devient bien davantage lorsqu'on considère l'influence qu'ils ont exercée et qu'ils exercent encore sur la culture générale du pays. Nous verrons plus tard comment, grâce au régime des étangs, la Dombes qui, par suite de la qualité de son

sol et de son voisinage d'un centre important de consommation, devrait avoir des rentes de 100 francs
l'hectare et des profits proportionnels, ne peut payer
qu'une rente de 25 fr. l'hectare et laisse sa culture en
proie à la misère autant qu'à la fièvre. Je me contenterai de rappeler pour le moment que, par leur position, les étangs occupent l'emplacement naturel des
prairies, qu'ils absorbent à leur profit les eaux dont
la culture tirerait un parti si avantageux et que leur
existence est dès-lors incompatible avec tout progrès
sérieux, avec le seul progrès possible dans les conditions économiques de la Dombes, l'amélioration du
sol par l'extension des cultures fourragères qui n'exigent qu'une faible somme de travail.

Si donc les étangs paient aujourd'hui une rente
presque double de la rente payée par le sol en culture,
cet avantage, si grand qu'on le fasse, que le temps
amoindrit sans cesse et qui n'est en réalité qu'apparent, coûte cher au pays.

L'insalubrité qui a marché à leur suite, et proportionnellement à leur développement, a entraîné pour
la Dombes de désastreuses conséquences économiques,
et leur existence est encore aujourd'hui un obstacle au
progrès de la culture comme à l'amélioration du sol.

CHAPITRE VII

HISTOIRE DES ÉTANGS.

La question de l'origine des étangs n'a été éclaircie que très-récemment, notamment par les recherches de M. Guigue (*Essai sur les causes de la dépopulation de la Dombes et l'origine de ses étangs* *).

Il résulte de ce travail, dont les éléments sont empruntés à nos archives nationales, que nous n'avons pas de renseignements sur l'origine des étangs antérieurs au XIIIe siècle. Mais ce qui prouve que les étangs n'avaient alors aucune importance par leur nombre et leurs produits, c'est que les redevances féodales exigées des vassaux par leurs seigneurs ne font pas mention jusqu'à cette époque du produit des étangs.

(*) Bourg, Milliet-Bottier, 1857.

Ces redevances portent sur le blé, le seigle, l'avoine, le foin, le vin, l'huile et le miel ; aucune n'est stipulée en poisson.

Les documents de cette époque attestent d'ailleurs que le pays était autrefois couvert de villages et de *mas* nombreux dont on ne retrouve aujourd'hui des traces qu'en fouillant le sol du pays et notamment celui des étangs. Des paroisses ont entièrement disparu ; il en est dont on ignore aujourd'hui la place. D'autres en plus grand nombre ont été supprimées, et les églises des paroisses actuelles sont toutes trop grandes pour la population de fidèles qu'elles doivent contenir.

La division quelquefois extrême du sol des étangs indique suffisamment d'ailleurs que la grande propriété n'a pas toujours existé en Dombes. Les *pies* d'assec sont fort multipliées et très-peu importantes dans certains étangs : ce morcellement de l'assec a survécu jusqu'à nous pour attester le morcellement du sol avant l'établissement des étangs, et par conséquent, dans une certaine mesure, la densité de la population en Dombes.

De tous ces faits qui sont bien établis, on conclut que la Dombes a été autrefois sinon riche, du moins largement peuplée.

Il paraît que c'est surtout aux guerres féodales qui ont troublé le pays durant les XIIIe, XIVe et XVe siècles qu'il faut attribuer la dépopulation. La Dombes était alors en proie à une foule de rivalités et le théâtre de luttes sanglantes. Les sires de Bâgé, de Villars, de Coligny, de Thoire, de Montluel, les comtes de Savoie, de Mâcon, les archevêques de Lyon, les sires de Beaujeu, les dauphins de Viennois et les ducs de Bourbon se disputèrent pendant trois siècles des lambeaux de ce malheureux pays. Tous ces *roitelets*, comme les appelle Guichenon, laissèrent dans des dévastations successives et à peine interrompues les traces de leur passage. A la fin de toutes ces luttes, la population avait plus ou moins disparu du pays, moissonnée par les guerres ou ruinée par les déprédations et forcée de s'expatrier.

La dépopulation causée par les guerres féodales entraînait tout à la fois une révolution dans la constitution de la propriété et une révolution dans les conditions de la culture. La propriété devait naturellement tendre à se reconstituer sur de plus larges bases, au fur et à mesure de la marche de la dépopulation. Quant à l'ancien système de culture, fondé sur la jachère labourée, il n'était plus possible : les bras faisaient défaut. La culture des étangs, c'est-à-dire la jachère en eau, lui fut substituée, afin de rétablir l'équilibre entre le travail à faire et les forces disponibles. On voit en effet le développement des étangs suivre la marche de la dépopulation ; un très-grand nombre datent de cette période et surtout du XVe siècle ; nous avons sur l'origine de la plupart des documents certains.

Il faut bien remarquer toutefois que, si la culture des étangs se prêtait mieux que toute autre culture au manque de bras causé par les guerres féodales, cette cause n'a pu agir seule, et qu'on ne saurait expliquer l'immense développement des étangs en Dombes par le seul fait de la dépopulation. Les étangs, en effet, sont coûteux à établir; dans quelques-uns d'entre eux la dépense nécessaire à la construction des chaussées serait aujourd'hui supérieure à la valeur du fonds. Or on sait par la coutume de Villars et par les usages locaux que les chaussées ont été construites par les propriétaires de l'évolage. On sait aussi que les étangs étaient autrefois considérés comme de *droit public*; que l'évolage était exempt de la dîme; — que quiconque possédait un emplacement convenable pour la construction d'une chaussée avait le droit d'en élever une et d'inonder les terrains supérieurs, à la charge de laisser aux possesseurs de ces fonds la jouissance du sol durant l'assec, les droits de brouillage et de champéage durant la culture en eau, et de leur payer en outre une indemnité réglée par arbitre et s'élevant en moyenne à la moitié de la valeur des fonds inondés; — qu'enfin à travers la complication de droits et de servitudes à laquelle donnait lieu le régime des étangs, la servitude s'acquérait invariablement, par le fait seul de la création d'une chaussée, au profit de l'évolage et au détriment des terrains environnants. Les priviléges accordés à l'inondation du sol avaient

été poussés si loin qu'on avait dépouillé les fonds supérieurs à un étang de la faculté d'utiliser les eaux
pluviales, et que le possesseur de l'évolage avait la
propriété absolue de ces eaux jusque sur le fonds
d'autrui et dans tout le bassin hydrographique de
l'étang.

Pour qu'il en fût ainsi, pour que l'évolagiste eût
intérêt à payer la moitié de la valeur des fonds inondés et à faire en outre pour la construction de la
chaussée une dépense regardée comme supérieure,
dans un certain nombre de cas, à la valeur actuelle
de l'étang, il fallait que la valeur de l'évolage, qui
n'est plus qu'égale aujourd'hui sinon même inférieure
à la valeur de l'assec, fût bien autrement considérable
qu'elle ne l'est de nos jours. En outre, pour que la coutume eût entouré la culture des étangs d'immunités et
de priviléges, pour qu'elle eût méconnu les droits sacrés
de la propriété, pour qu'elle eût sacrifié les intérêts
de tout un pays, la santé et la vie de sa population aux
intérêts des constructeurs de chaussées, c'est-à-dire
des possesseurs de l'évolage, il ne fallait pas moins
que le prétexte de donner satisfaction à un besoin
social manifeste, hautement proclamé, hautement
reconnu.

Bien que les anciens auteurs qui ont écrit sur la
Dombes et sur ses usages ne nous aient laissé aucun
renseignement précis sur la valeur comparative de
l'assec et de l'évolage, il est facile de voir, à leur

enthousiasme pour la culture des étangs, que cette différence de valeur était considérable, et que la production du poisson était pour la Dombes ce qu'est encore
aujourd'hui pour les bons vignobles la production des
vins de choix, c'est-à-dire une source de richesse pour
les évolagistes. Le débouché était alors illimité. Par
son admirable position entre trois grands cours d'eau,
la Dombes exportait son poisson non seulement jusqu'à Lyon, mais jusqu'en Savoie et dans la majeure
partie de la Provence. Le blé, au contraire, ne pouvait s'exporter que difficilement et dans un rayon restreint : le mauvais état des routes ou les entraves de
la législation rendaient le plus fréquemment cette
exportation impossible.

Quant à l'intérêt social qui avait poussé à cette culture, qui avait sacrifié à son profit les droits de la
propriété et les intérêts hygiéniques du pays, nous le
trouvons dans l'empire, tout puissant à cette époque, des
idées religieuses. Outre que le débit du poisson avait
dans la multiplicité des couvents et dans la fréquence
des jours maigres un débouché étendu et un prix
rémunérateur, cette culture puisait encore dans les
mœurs religieuses de l'époque un caractère d'utilité
publique que le temps, le changement des habitudes
et surtout le perfectionnement des voies de communication ont complètement fait disparaître. Si à toutes
ces causes on ajoute que bon nombre de congrégations
étaient elles-mêmes propriétaires en Dombes, que la

majeure partie des évolagistes étaient des seigneurs ou des membres de la magistrature qui, n'habitant pas le pays, jouissaient par conséquent des avantages exceptionnels de la culture des étangs, sans supporter les inconvénients de l'insalubrité dont ils sont la cause, on aura à la fois l'explication et du développement insensé de cette culture, et des priviléges dont elle a été entourée.

Bien qu'ils fussent coûteux à établir, les étangs ont été créés sous l'empire d'un débouché exceptionnel et d'un besoin social avéré. Débouché et besoin public, aujourd'hui tout a disparu; et cette disparition, amenée successivement par le temps et le progrès, a laissé à la Dombes l'insalubrité et la misère.

Une fois qu'on était entré dans cette voie sous l'influence d'un débouché croissant de jour en jour, on ne devait plus s'arrêter en quelque sorte qu'aux limites du possible. Tout ce qui par sa position était susceptible d'être inondé devait être mis en étang. Les étangs devaient réagir à leur tour sur la population : ils apportaient avec eux l'insalubrité et allaient poursuivre l'œuvre de destruction commencée par les guerres féodales.

Comme si ce n'eût pas été assez de cette influence meurtrière pour dépeupler la Dombes et la convertir de plus en plus en désert, des familles riches du pays déportèrent, vers la fin du XVIIe siècle, ou chassèrent de leurs domaines de nombreuses familles de cultiva-

teurs. Des métairies voisines furent réunies en une
seule, des villages furent détruits, et de nouveaux
étangs prirent la place qu'occupaient ces métairies et
ces villages. Il s'est donc passé là quelque chose d'ana-
logue à ce qui s'est passé au commencement de notre
siècle dans la Haute-Ecosse, notamment dans le comté
de Sutherland : il y a eu déplacement forcé d'un certain nombre d'habitants; il y a eu dépopulation systématique.

Qu'on ne confonde pas toutefois deux mesures analogues prises dans des pays si différents de sol, de
climat et de ressources, et sous l'influence de causes
si diverses. La dépopulation des Highlands a été un fait
économique d'une haute portée. Elle a fait la fortune
des montagnards de la Haute-Ecosse, et les Highlanders
déplacés ont trouvé dans les *lowlands* (terres basses)
des côtes des conditions meilleures de bien-être et de
prospérité. En Dombes, ce n'est ni l'intérêt du pays et
de la population restante, ni l'intérêt de la population
déplacée qui a servi de mobile à cette mesure. La population systématiquement repoussée, et dont on avait
supprimé les demeures pour créer des étangs sur leur
emplacement, a bien dû refluer du centre du pays à
sa circonférence, et trouver là des conditions hygiéniques meilleures; mais rien ne prouve qu'elle ait été
secourue, dans cet onéreux et violent déplacement,
par les familles qui la proscrivaient. Et ce déplacement, au lieu de profiter au pays, à la population

restante, n'a fait, par l'extension toujours croissante du régime des étangs, qu'aggraver sa situation, en multipliant autour d'elle les causes de mortalité pour l'individu et d'abâtardissement pour la race.

Il devait arriver une époque où l'exagération du système des étangs amènerait contre eux une réaction formidable. D'un côté, la valeur du poisson tendait à diminuer par suite de l'observance moins rigoureuse des prescriptions du carême, et le perfectionnement des voies de communication allait bientôt susciter au poisson d'eau douce la redoutable concurrence du poisson de mer. Sous l'influence de cet abaissement de prix, l'évolage perdait chaque jour de sa valeur, et les évolagistes qui n'avaient acquis l'évolage qu'au prix de travaux coûteux et d'indemnités onéreuses, voyaient peu à peu leur propriété s'amoindrir et s'abaisser à la valeur de l'assec. De la modification survenue dans les conditions de débouché, résultait donc toute une révolution dans la situation respective de l'assec et de l'évolage. En même temps que décroissait la valeur de celui-ci, l'assec prenait une importance de jour en jour plus grande. D'un autre côté, la science agricole, qui se créait peu à peu en s'inspirant des faits et en les soumettant au contrôle de l'analyse, tendait à démontrer qu'une production annuelle de 79 francs par hectare n'est pas le terme assigné à l'activité humaine, et que la suppression des étangs dans certaines limites et sous certaines conditions pouvait être une opération aussi profitable à l'intérêt privé qu'utile au bien public. Il pouvait donc n'être plus nécessaire de sacrifier à la production du poisson les intérêts hygiéniques du pays. Le progrès pouvait faire cause commune avec les droits de l'humanité pour appeler une révolution désirable sous bien des rapports.

C'est surtout vers la fin du 18ᵉ siècle, après l'édit de Turgot sur le libre commerce des céréales, et lors de la dispersion des communautés religieuses, que cette réaction se manifeste avec intensité et que commence ostensiblement la lutte entre les partisans des étangs et leurs adversaires. Durant plus d'un demi-siècle cette lutte s'est poursuivie, toujours vive, quelquefois ardente et passionnée.

Les étangs, disent leurs partisans, ne sont pas la seule cause, ni même la plus importante de l'insalubrité en Dombes. La nature imperméable du sol, les brouillards qui s'élèvent des bois humides, la mauvaise alimentation des gens du pays, la corruption des eaux dont ils se servent journellement, la présence de quelques marais, la flouve, voilà, bien plus que les étangs, la cause réelle de l'insalubrité. Et d'ailleurs, ajoutait-on, comme dernier et plus convaincant argument, les étangs sont placés dans les lieux les plus bas, les plus marécageux habituellement; ils couvrent d'une nappe d'eau des surfaces qui

seraient beaucoup plus insalubres si elles étaient ex-
posées à l'air. Les dessécher serait tomber de Charybde
en Scylla.

Incidit in Scyllam, curans vitare Charybdim,
Qui stagnum fugiens incidit in paludem.

(Epigraphe du Mémoire de M. Garron de La Bévière
en réponse au Mémoire de M. Piquet.)

Les adversaires des étangs n'ont pas eu de peine à
détruire, l'un après l'autre et à mesure qu'il se pro-
duisait, chacun de ces arguments.

La flouve (*anthoxanthum odoratum*, graminée très-
abondante dans les terres à seigle de la Dombes, terres
non chaulées), a été écartée du débat en premier lieu.
Un propriétaire du pays, M. de Moyria-Maillat, en
respira, en absorba sous forme d'infusion, s'en satura
enfin de toutes les façons sans gagner la fièvre. La
flouve n'est pas d'ailleurs une plante spéciale à la
Dombes, et de ce qu'elle s'y développe en abondance
à l'époque de l'apparition des fièvres, il ne s'en suit
nullement qu'elle soit la cause des fièvres. Ce sont là
deux faits qui marchent parallèlement, qui coïnci-
dent, mais qui sont sans connexité entre eux.

Les brouillards pouvaient bien jeter sur la Dombes
un voile de tristesse. Mais outre qu'ils sont bien plutôt
le produit de l'évaporation des étangs que le produit
de l'évaporation des bois humides, ils ne suffisaient
pas à expliquer le développement périodique et sur-

tout l'intensité des fièvres après les grandes chaleurs de l'été.

Le régime alimentaire des gens du pays, les eaux croupies qu'ils boivent durant la saison chaude avec indifférence ou incurie, contribuent certainement dans une assez large mesure à l'extension de la fièvre par la prédisposition à toutes les maladies, par la débilitation que doit entraîner un pareil régime; mais on ne saurait les considérer comme la cause exclusive et immédiate de la fièvre. Les précautions hygiéniques, une bonne alimentation, un régime réglé peuvent atténuer les effets du mal, mais elles n'en préservent pas toujours.

La nature imperméable du sol, alléguée et mise en avant durant de longues années, est peut-être de tous ces arguments le plus puéril et le moins fondé. Il est vrai que le sol est peu perméable, bien qu'il soit plutôt siliceux qu'argileux. Qu'est-ce que cela prouve? Le desséchement des étangs rapprochés des habitations a toujours produit dans ces habitations une salubrité relative. Le desséchement opéré en grand sur quelques communes du midi de la région a complètement rendu la salubrité à ces communes. L'imperméabilité du sol n'a donc rien à voir dans la querelle des étangs.

Quant au dernier argument, le plus spécieux de tous, celui qui présente les étangs comme un progrès pour les conditions hygiéniques, comme une con-

dition même de salubrité , en se fondant sur ce fait
prétendu que les étangs occupent la place de marais,
il n'a plus aujourd'hui la moindre créance et ne saurait en avoir aucune. Les étangs ne sont pas des marais, comme je l'ai dit, et n'en tiennent pas la place ;
ils ne peuvent exister qu'à la condition d'une pente de
2 à 3 millimètres dans le sens longitudinal, dans le
sens de l'écoulement des eaux, et d'une pente quatre à
dix fois plus forte dans le sens transversal. Pour ensemencer un étang, il suffit de le labourer quinze jours
ou trois semaines après avoir levé la bonde, et quelques raies de charrue dirigées dans le sens de la pente
conduisent les eaux des parties les plus basses dans le
bief qui les évacue au fur et à mesure de leur arrivée.

A ces arguments sont venus se joindre, pour ajouter
à leur autorité, des faits précis résultant d'enquêtes ou
de recherches statistiques faites à diverses époques.
Les médecins du pays ont déclaré que l'intensité des
fièvres était toujours proportionnelle à l'étendue relative des étangs, et le dépouillement des actes de
l'état civil a mis en lumière d'effrayantes lois de mortalité.

Ainsi cette longue discussion, qui a parfois jeté
de l'éclat à raison de la vivacité de la polémique et
même du talent de quelques champions, devait aboutir à cette conclusion, qui n'est plus aujourd'hui contestée, que les étangs sont, sinon la cause exclusive

de l'insalubrité en Dombes, du moins la cause prédominante, et que la salubrité ne reparaîtra dans le pays qu'au fur et à mesure de leur disparition.

L'extension du régime des étangs avait donc en réalité sacrifié les intérêts hygiéniques du pays, intérêts publics et permanents, à l'intérêt personnel, essentiellement transitoire et périssable, des possesseurs de l'évolage. Tant que l'intérêt personnel fut assez puissant pour étouffer la voix de l'humanité, la culture des étangs fut en honneur et leur développement s'accrut. Lorsque les conditions vinrent à changer, lorsque la liberté du commerce intérieur vint donner à la production agricole un essor inattendu, lorsque la suppression et la réduction des communautés religieuses et le changement d'habitudes eurent amoindri le débouché du poisson, alors des plaintes s'élevèrent contre un régime dont les effets s'aggravaient pour tous sans compensation pour personne, et invoquèrent l'intervention du gouvernement au nom des intérêts publics.

La première manifestation de la sollicitude administrative pour la Dombes et les autres pays insalubres fut le décret des 11-19 septembre 1792, qui confère aux conseils généraux des départements (aujourd'hui le préfet) le droit d'ordonner la destruction des étangs nuisibles, sur la demande formelle des conseils généraux des communes (aujourd'hui conseils municipaux) et après l'avis des administrateurs de district (aujourd'hui sous-préfet).

On ne pourrait certes sans injustice suspecter l'intention des auteurs de cette loi. Mais telle qu'elle était conçue, elle avait deux inconvénients qui la rendaient inapplicable pour la Dombes. En subordonnant le desséchement d'office à la volonté formellement exprimée des conseils municipaux, elle annihilait ou tout au moins amoindrissait l'action de l'administration et remettait, en définitive, le soin de son application entre les mains de gens peu éclairés et intéressés directement dans la question soit comme cultivateurs d'étangs, soit comme fermiers placés dans la dépendance des propriétaires. Elle ne prévoyait pas en outre la complication des intérêts qui s'agitaient en Dombes autour d'un étang, et elle laissait par conséquent à la jurisprudence le soin de rejeter ou d'admettre le principe de la licitation et d'en déterminer les bases.

La Convention qui succéda à la Législative exagéra, sous la pression d'une crise alimentaire, le système de répression qu'avait voulu créer cette dernière. Un décret émané d'elle, à la date du 4 septembre 1793, ordonna, sous peine de confiscation, le desséchement immédiat de tous les étangs de la République et leur ensemencement en céréales de printemps ou en plantes alimentaires. C'était, pour le département de l'Ain, rejeter brusquement dans les conditions normales de la culture plus de 20,000 hectares d'étangs qui échappaient à ces conditions, et se suffisaient à eux-mêmes par un assolement simple et relativement productif. C'était demander, pour ces 20,000 hectares d'étangs, une part de travail et d'engrais à une région qui n'a déjà ni assez de bras ni assez d'engrais pour la culture de ses terres. C'était d'un seul coup jeter dans le pays la désolation et la ruine. Aussi des réclamations s'élevèrent de toutes parts; et sur les conclusions d'une commission venue en Dombes pour étudier la question, un nouveau décret du 13 messidor an III rapporta celui du 4 décembre 1793.

La loi des 11-19 septembre 1792 ne fut pas abrogée par ce décret; mais elle resta sans exécution dans le département de l'Ain durant plus d'un demi-siècle.

En 1849, M. de Pistoye, chef de bureau au ministère des travaux publics, publia dans l'*Ecole des Communes* un remarquable travail destiné à appeler l'attention de l'administration sur cette loi et à en provoquer l'application.

L'administration du département de l'Ain ne resta pas sourde à cet appel. Un règlement de police des étangs, en date du 12 janvier 1854, approuvé par décision ministérielle du 22 avril suivant, interdit la pêche par écoulement des eaux, depuis le 1er juin jusqu'au 15 septembre, et détermina les formalités à remplir pour l'établissement et la réglementation des étangs, ainsi que pour leur desséchement d'office en vertu de la loi des 11-19 septembre 1792, dans le cas d'une insalubrité irremédiable, notoire et légalement constatée.

On a reproché à ce réglement d'avoir fait peser sur tous les étangs des craintes de destruction, et d'avoir ainsi contribué à l'abaissement du prix de la terre en Dombes. Ce reproche n'est pas fondé. Ce qui a dimil nué la valeur des étangs, c'est l'abaissement graduedu prix du poisson et par conséquent l'abaissement continu de la valeur de l'évolage; c'est surtout l'insuccès de quelques tentatives agricoles, et la notoriété de catastrophes dues à un oubli complet des enseignements de l'expérience et à une méconnaissance absolue des lois économiques de la production. Quant au réglement, il a sanctionné un ordre de faits acquis, il s'en est emparé pour faire prévaloir des mesures d'intérêt général; il n'a fait rien de plus.

Ce réglement appelait naturellement une loi complémentaire.

Le principe de la licitation des étangs, controversé depuis quelques années par la jurisprudence des tribunaux et des cours, paraissait fixé par des arrêts de la Cour de cassation. Mais la procédure de la licitation, lente et onéreuse dans les cas ordinaires, devenait ruineuse en matière d'étangs, alors qu'on avait affaire à vingt ou trente intéressés pour des surfaces de 15 à 20 hectares. On cite des cas où les frais de la procé-

dure avaient absorbé plus de la moitié de la valeur
ou du prix de vente des fonds.

Une loi a donc été sollicitée par l'administration du
département de l'Ain, afin de simplifier les formalités
de la licitation des étangs en Dombes. Cette loi, ren-
due le 21 juillet 1856, a été complétée par un décret
portant réglement d'administration publique à la date
du 28 octobre 1857. Elle déclare rachetables les servitudes et les droits de toute nature qui pesaient sur
les étangs, et fixe les formalités de la licitation poursuivie à la requête soit d'un ou plusieurs ayants droit,
soit du Préfet, en cas de licitation par suite du dessèchement d'office.

Là ne s'est pas bornée dans ces dernières années la
sollicitude de l'administration. Pour rendre possible
la transformation de la Dombes, il était nécessaire
de doter le pays d'un ensemble de voies de communication praticables en tout temps, dont il était
presque littéralement privé. Sans chemins, point de
débouchés, et sans débouchés, point ou presque point
de production. Un système complet de viabilité était
pour la Dombes un besoin de premier ordre, auquel
il fallait à tout prix donner satisfaction. Depuis
1837, plusieurs chemins de grande communication
ont été classés, et l'un d'eux a même été converti en route impériale, un autre en route départe-
mentale. Le gouvernement, qui a tant fait pour la

Dombes depuis quelques années, a étendu ce système : il fait procéder en ce moment à l'exécution d'un réseau de chemins qui diviseront le pays comme un damier, et lui permettront soit d'importer la chaux et les matériaux dont il a besoin, soit d'exporter facilement tous ses produits. Avant quelques années, peu de pays de plaine seront sous ce rapport aussi bien partagés que la Dombes.

Ainsi, la complication des intérêts à laquelle donnait lieu le régime des étangs n'est plus pour leur dessèchement, qu'il soit volontaire ou imposé au nom des intérêts publics, un obstacle ruineux ou insurmontable. L'application de la loi des 11-19 septembre 1792 est donc possible à ce point de vue; et cette loi peut aujourd'hui, dans une certaine mesure, poursuivre pacifiquement son œuvre, celle de rendre peu à peu ce pays la salubrité.

D'un autre côté, et comme je l'ai dit, le temps a modifié les conditions de débouché pour le poisson d'eau douce; de nouvelles voies de communication sillonnent le pays; l'emploi des machines a lui-même modifié profondément les conditions du travail agricole; et la science, plus rigoureuse qu'elle n'était au dernier siècle, peut intervenir aujourd'hui avec l'autorité des faits pour déterminer les conditions de la transformation et la rendre aussi profitable que possible. Il y a donc tendance du côté de l'intérêt privé à

se concilier de plus en plus, dans cette grave et déli-
cate question, avec les intérêts publics sacrifiés jusque-là.

Tout le monde sent, du reste, que le desséchement
des étangs de la Dombes n'est plus qu'une affaire de
temps. Les intérêts privés exigent des ménagements
légitimes : mais l'intérêt public, et j'oserai presque
dire la faveur de l'opinion, demandent le dessèchement. S'il est injuste de méconnaître les exigences et
les difficultés de cette révolution, il ne le serait pas
moins d'en nier la nécessité. Le desséchement des
étangs aura donc lieu, sans secousse trop brusque,
tout le monde le désire, mais inévitablement.

———

CHAPITRE VIII

LE BÉTAIL.

L'espèce chevaline en Dombes a presque un passé historique. On croit généralement qu'avant l'envahissement du sol par les étangs l'une des principales productions de la Dombes était le cheval de guerre. Deux faits cités par tous les auteurs qui se sont occupés de la Dombes donnent à cette croyance un certain caractère de fondement. D'un côté, l'histoire a conservé le nom et a proclamé les qualités de quelques chevaux dombistes montés par nos rois de France et surtout par les princes de la maison de Savoie dans des expéditions militaires; et, d'un autre côté, la tradition locale et des vestiges de construction attestent aujourd'hui l'existence d'un haras dans le voisinage du marais des Echets, au temps de la domination des ducs souverains de Savoie. Depuis l'annexion de la Dombes à la France, des tentatives ont même été faites à diverses époques pour la reconstruction de ce haras, mais sans succès.

Au fur et à mesure que les étangs se propagèrent en Dombes, les conditions de l'élevage durent se modifier. Nourris dans les étangs durant la majeure partie de l'année, les chevaux perdirent forcément de leur taille et de leurs formes sous l'influence d'un régime aqueux et de mauvaises conditions hygiéniques, Ils conservèrent néanmoins une grande rusticité et quelques caractères de finesse. Des essais de remonte pour la cavalerie légère, pratiqués dans le pays avant 1789, mirent en relief les qualités de la race.

Sous la restauration, des encouragements sérieux furent donnés par le Conseil général à l'élève du cheval.

Un haras départemental fut créé il s'est maintenu depuis, grâce à des subventions annuelles considérables; et l'on peut dire que la Dombes, à raison de ses conditions spéciales et de l'influence de quelques hommes, notamment de M. Ch. Merlino, a plus que toute autre partie du département profité de ces encouragements. Des étalons percherons d'abord, anglo-normands ensuite, ont communiqué aux produits de l'espèce chevaline de la taille et de l'étoffe, mais leur ont fait perdre en partie leurs qualités de rusticité. Aussi les éleveurs de la Dombes sont-ils momentanément dépaysés. Ils continuent à envoyer leurs jeunes chevaux dans les étangs, et bien peu de ceux qui sont soumis à ce régime arrivent à un développement parfait. Il est permis d'espérer néanmoins que la création récente d'une succursale de remonte à Mâcon, en offrant un débouché rémunérateur à l'élève du cheval en Dombes, modifiera les habitudes des éleveurs dombistes, et contribuera à accélérer le mouvement de régénération qui s'est produit depuis quelques années.

En dehors de la production du cheval de guerre, la Dombes élève encore des chevaux de trait léger qui sont vendus, notamment à la foire d'Ambérieux-en-Dombes, à l'âge de 1 à 2 ans, et sont exportés pour le midi de la France et même pour l'Italie.

L'arrondissement de Trévoux tout entier possède 7,000 chevaux sur lesquels 2,700 appartiennent à la Dombes d'étangs. On peut estimer que celle-ci livre annuellement au commerce 800 jeunes chevaux de l'âge de 8 mois à 5 ans, et d'une valeur moyenne de 250 francs.

La production annuelle de l'espèce chevaline dans la Dombes d'étangs représente donc une valeur moyenne de 200,000 fr.

L'espèce bovine a pour la Dombes une importance beaucoup plus grande que l'espèce chevaline. Mais son histoire est loin d'être aussi brillante.

Comme toutes les espèces du pays, la race bovine de la Dombes est rustique et de petite taille. Le poids moyen d'un bœuf de labour n'y est que de 350 kilog., et celui d'une vache laitière, 220 kilog.

De toutes les spéculations auxquelles peut donner lieu le bétail à cornes, l'élevage seul est pratiqué dans la Dombes d'étangs. L'insuffisance des fourrages explique ce fait.

Les meilleurs fourrages et les meilleurs pâturages sont réservés aux bœufs de labour, et tous les soins du cultivateur leur sont consacrés. Les animaux de rente (vaches laitières, veaux de l'année, génisses) restent au contraire livrés à une incurie excessive, et ne reçoivent qu'une alimentation insuffisante et de mauvaise qualité. Ces animaux vivent exclusivement du pâturage pendant huit mois de l'année. Ces pâturages consistent en friches, en jeunes taillis et surtout en étangs. On peut dire que la *brouille* qui, au printemps et en automne, vient flotter en grande abondance à la surface de l'eau dans quelques étangs, forme le fond de l'alimentation des animaux de rente de l'espèce bovine.

Non seulement l'alimentation au pâturage est insuffisante pour donner aux animaux de la Dombes de la taille et de l'embonpoint, mais l'alimentation d'hiver l'est bien davantage encore. Il y a des domaines en grand nombre où les vaches et les génisses ne consomment que des pailles et notamment des pailles d'avoine durant cette période de l'année. Heureux le cultivateur s'il parvient, selon une expression bien connue dans le pays, à *sauver son bétail*, c'est-à-dire à l'empêcher strictement de mourir d'inanition. On cite des cas où le bétail, au sortir de l'hiver, n'a pas pu se lever spontanément pour aller au pâturage : on a dû recourir à des cordes pour le soulever sur ses jambes et le mettre sur pied.

On conçoit aisément qu'un régime aussi peu nourrissant doive amener rapidement une décroissance dans la race. Les veaux élevés tous les ans restent chétifs et ne prennent un peu de taille et d'embonpoint que vers la troisième année, où leur régime est un peu amélioré. Les génisses prêtes à mettre bas sont alors vendues 100 fr. en moyenne.

Les vaches laitières qui subissent le même régime ne peuvent donner des produits abondants. Leur faculté laitière fort peu développée ne se prolonge guère au-delà de l'époque du sevrage du veau (1 à 2 mois). Les vaches qui donnent moyennement 5 litres de lait par jour durant une période de trois mois qui suit la mise bas sont relativement d'excellentes laitières. Le lait lui-même n'a qu'une valeur très-médiocre, ainsi que le beurre qui en dérive. M. Chanel, dans sa *Statistique des animaux domestiques de l'Ain*, estime que les vaches de la Dombes ne produisent moyennement que 10 à 11 kilogrammes de beurre.

L'habitude si générale en Dombes d'élever plus de

bétail qu'on ne peut en nourrir est désastreuse sous tous les rapports, et il n'y a pas de pire manière de tirer parti d'une quantité donnée de fourrages que de la répartir entre un très-grand nombre d'animaux, en quantité aussi insuffisante. Si l'on ajoute à cette cause de dépérissement une indifférence absolue dans le choix des reproducteurs, on aura bien vite compris ce que doit être le bétail à cornes dans la Dombes : chétif, toujours maigre, plat, étriqué, il n'a pour lui qu'une seule qualité qui résulte des influences climatériques et agricoles auxquelles on l'a soumis, sa rusticité.

On sait que les animaux de l'espèce bovine sont aujourd'hui regardés comme l'expression résumée des conditions agricoles d'un pays, et qu'à la vue d'une étable on peut sans témérité apprécier la culture d'un domaine et déterminer le degré de prospérité où le sol y est parvenu. A ce point de vue, la race bovine de la Dombes représente fidèlement la situation agricole du pays d'étangs. La misère dans les étables y est la traduction énergique de la misère dans le sol et dans la culture.

Des tentatives d'amélioration de la race bovine de la Dombes ont été faites sur divers points du pays, et notamment par des croisements soit avec la race de Schwitz, soit avec la race du Charollais. Elles n'ont abouti à des résultats sérieux que dans les fermes où les améliorations culturales ont servi de base à l'amélioration du bétail. Dans tous les autres domaines où le pâturage des friches, des taillis et des étangs durant la bonne saison, et la nourriture à la paille d'avoine durant l'hiver, ont continué à former presque exclusivement le système d'élevage du bétail à cornes, l'insuffisance et la mauvaise qualité de cette alimentation ont été jusque-là et seront encore dans l'avenir un obstacle insurmontable à tout progrès.

La Dombes d'étangs possède 27,000 têtes de bêtes à cornes, ainsi réparties :

Bœufs de labour...................	5,500
Taureaux et taurillons.............	3,500
Vaches et génisses.................	12,500
Veaux d'élève et de boucherie.......	5,500
Total.............	27,000

C'est l'équivalent de 13,000 têtes de gros bétail du poids de 400 kilogrammes.

Les produits annuels de ce bétail, non compris le travail et les fumiers, peuvent être évalués ainsi :

1,500 bœufs réformés, à 220 fr.......	330,000 f.
2,000 vaches laitières réformées, à 100 fr....................	200,000
2,000 génisses ou taureaux vendus à 110 fr....................	220,000
1,500 veaux de boucherie, à 14 fr....	21,000
100,000 kilogr. de beurre, à 1 fr. 60 c.	160,000
Total.................	931,000 f.

Les vaches et les bœufs réformés vont s'engraisser dans les riches vallées qui bordent la Dombes sur trois de ses côtés.

Les jeunes taureaux et les génisses sont également exportés dans ces vallées. Ils y reçoivent une nourriture meilleure et y acquièrent un peu de taille.

Le mouton est, comme on sait, l'un des plus précieux animaux domestiques. C'est l'espèce qui utilise le mieux les pâturages communs, analogues à ceux de la Dombes, et qui donne, pour entretenir et augmenter la fertilité du sol, le fumier le plus riche et le plus chaud.

Le mouton est donc l'animal qui réaliserait sur le sol de la Dombes le plus de bénéfices immédiats, et serait le plus apte à transformer le pays et à le conduire à la fortune par un accroissement continu de fertilité.

Mais, d'un côté, l'humidité du sol et du climat du pays d'étangs permet peu l'élevage du mouton. Même avant trois ou quatre ans, les troupeaux les plus rustiques y subissent les atteintes de la cachexie. D'un autre côté, le pâturage des étangs, qui fait la base de l'alimentation du bétail en Dombes, n'est possible que pour les espèces chevaline et bovine. Il en résulte que l'engraissement des moutons n'a lieu que très-exceptionnellement en Dombes et seulement dans les domaines plus ou moins privés d'étangs. Les moutons engraissés ainsi sont des moutons du Berry qu'on achète aux foires de Mâcon ou de Villefranche, ou des moutons des Alpes qu'on achète aux foires du Dauphiné. Ils s'importent au printemps et sont revendus en automne, en réalisant un bénéfice moyen de 5 à 6 fr. par tête.

M. Nivière, fondateur et ancien directeur de l'Ecole impériale d'agriculture de la Saulsaie, a calculé qu'un hectare de pâturage en Dombes peut suffire pendant sept mois et demi à la nourriture de sept moutons du poids de 35 kilogr. l'un, à raison par jour et par tête d'une quantité d'herbe qui équivaut à 800 grammes de foin sec, soit en tout une consommation de 1,260 kilog. de foin qui seraient payés (non compris le fumier) par un profit net de 38 fr. environ. Même en admettant que ce chiffre soit exagéré, et qu'il faille dans ce cas réduire le bénéfice à 25 fr. par hectare, ce n'en est pas moins là un fait à considérer, et dont j'aurai à tirer ultérieurement des conséquences importantes.

Je connais d'ailleurs des domaines où le simple pâturage des friches et des chaumes par les moutons réalise un profit annuel de 10 fr. par hectare de la surface totale, soit près de la moitié de la rente payée à la propriété par la culture.

On peut dire que cette industrie pastorale de la nourriture et de l'engraissement des moutons devient de jour en jour plus considérable en Dombes. Beaucoup de fermes, où il n'y en avait jamais eu, en importent aujourd'hui et s'en trouvent bien.

La Dombes d'étangs ne possède néanmoins encore que 8,000 moutons, qui réalisent annuellement des valeurs commerciales s'élevant à 40,000 fr.

Les porcs sont l'un des objets les plus importants de la production animale en Dombes.

La race du pays a des formes fines et une chair remarquablement ferme. Elle est montée haut sur jambes et vit presque exclusivement au pâturage. C'est une race extrêmement rustique, comme toutes les races des espèces domestiques du pays.

L'engraissement des porcs se pratique peu dans la Dombes; l'élevage y prédomine de beaucoup.

On peut calculer que la Dombes d'étangs livre annuellement au commerce 10,000 porcs de tout âge et du prix moyen de 25 fr. En joignant à ce produit 1,000 porcs consommés dans les ménages ruraux, et dont la valeur peut être fixée à 70 fr., la production totale des porcs en Dombes représente une valeur annuelle de 320,000 francs.

Les animaux de basse-cour comprennent, en Dombes, la poule, le canard et l'oie. Cette dernière espèce s'élève encore dans les étangs, et se rencontre surtout par troupeaux considérables dans les domaines placés dans le voisinage d'un étang brouilleux.

Les produits de la basse-cour, comme ceux des vaches de rente, sont achetés presque constamment sur place par des pourvoyeurs ou *coquetiers* qui les conduisent à Lyon.

On peut calculer le produit annuel des animaux de basse-cour dans la Dombes d'étangs à 100,000 fr.

En récapitulant les diverses sommes que j'ai indiquées comme représentant la production de la Dombes d'étangs pour l'espèce chevaline, pour les bêtes à cornes, pour les moutons, pour les porcs et pour les animaux de basse-cour, on voit que le total des valeurs créées annuellement par cette production animale est :

Chevaux................	200,000 fr.
Bêtes à cornes	931,000
Moutons..............	40,000
Porcs.................	320,000
Animaux de basse-cour..	100,000
Total..........	1,591,000 fr.

soit par hectare de superficie, 20 francs environ.

Dans cette estimation, je n'ai tenu compte ni du travail des animaux, ni des fumiers dont j'aurai à apprécier la quotité dans le chapitre suivant. Mais bien que ce soient là des valeurs réelles, ce ne sont pas des produits directement échangés, immédiatement commerciaux : la Dombes achète des fumiers, elle n'en vend pas. — Quant au travail des animaux de labour, c'est également comme moyen de production que je le considère; il ne doit, ainsi que les fumiers, figurer dans le compte des produits animaux de la Dombes que pour mémoire.

Les animaux, dont je viens d'évaluer les produits, n'ont à consommer en dehors du pâturage que le fourrage provenant de 8,000 hectares de prairies naturelles de la Dombes, et de 3,000 hectares environ de prairies artificielles. Le produit moyen des prés étant de 3,000 kilogrammes à l'hectare, et le produit moyen des cultures fourragères (trèfle et vesces) 3,500 kilogrammes, la masse totale des fourrages annuellement fauchés en Dombes est de 34 millions de kilogrammes environ, soit 1,000 kilogrammes par hectare de surface arable.

La répartition de cette masse de fourrages entre les animaux destinés à les consommer est fort inégale. Les bœufs et les chevaux de labour en absorbent la majeure partie. On ne peut estimer à moins de 3,000 kilogrammes par tête de bétail de travail, cheval ou bœuf, la quantité de fourrages consommés par ces animaux. Le nombre des animaux de travail, bœufs ou chevaux, étant de 8,000 têtes, le fourrage consommé par eux est de 24 millions de kilogrammes, soit plus des deux tiers de la masse totale des fourrages fauchés appartenant à la Dombes d'étangs. Les vaches laitières, les génisses, les jeunes taureaux, les moutons et les porcs, soit en tout l'équivalent de 10,000 têtes de gros bétail du poids moyen de 400 kilogrammes se partagent le reste, à raison de 1,000 kilogrammes par année et par tête de gros bétail. Une vache moyenne de la Dombes, du poids de 220 kilogrammes, n'a donc que moins de 600 kilogrammes de fourrage fauché à consommer durant l'année, soit l'alimentation normale de 90 jours, à raison de 3 kilogrammes de foin par 100 kilogrammes de poids vif. C'est là sa ration d'hiver en y comprenant un large supplément de paille. Les bois, les friches et surtout les étangs fournissent le complément de sa nourriture durant la majeure partie de l'année.

Le peu de développement des qualités laitières dans la vache dombiste, la lenteur de sa croissance, son aspect misérable sont assez expliqués par cette situation. Ce n'est là au reste qu'une moyenne, qui comme toutes les moyennes ne rend que très-imparfaitement compte des situations extrêmes. A côté d'un domaine où les animaux sont bien partagés et jouissent d'une quotité de nourriture à peu près suffisante, il s'en trouve qui, ainsi que je l'ai dit, n'ont guère que de la paille à donner à leurs animaux de rente durant tout l'hiver.

De l'exposé que je viens de faire, je tirerai deux conclusions immédiates :

La première est que ce n'est pas le bétail qui manque en Dombes, ce sont les moyens de le nourrir.

Lorsqu'on s'est occupé de l'amélioration de la Dom-

bes, on a toujours mis en avant comme un obstacle à
vaincre la nécessité de donner du développement aux
constructions rurales, et surtout aux étables déjà in-
suffisantes pour le bétail existant. J'ai déjà dit quelques
mots des constructions rurales en Dombes, et je dirai
plus tard quelle part doit être immédiatement faite
à la nécessité sous ce rapport. Mais je ne laisserai pas
échapper l'occasion de dire qu'il n'y a aucune urgence à
étendre les bâtiments consacrés au logement du bétail.
Il y a déjà trop de bétail en Dombes, et les étables
actuelles suffiraient à la consommation d'une quantité de fourrage double de la quantité actuellement
récoltée. Le progrès, sous ce rapport, ne consiste pas à
avoir beaucoup de bétail mal nourri, sans qualité et
sans valeur, mais du bétail utilisant la nourriture
qu'on lui donne, la transformant aussi complétement
que possible en travail ou en produits commerciaux,
en un mot du bétail bien nourri. La part de l'alimentation à laquelle on a donné le nom de *ration d'entretien*, et qui est destinée à subvenir aux besoins de l'animal au repos, qui ne joue par conséquent aucun rôle
utile à l'homme, cette part est proportionnelle au
nombre d'animaux nourris, tandis que la *ration utile*,
c'est-à-dire la part de l'alimentation qui se transforme
en travail, en lait, en viande et en laine, ne résulte que
de l'excédant de la nourriture sur les besoins stricts
de l'animal. Il en résulte que plus on fait consommer
de fourrages par un petit nombre d'animaux, plus la

ration utile s'accroît, plus la ration d'entretien diminue. En suivant la marche contraire, ce n'est pas une transformation de valeur qu'on opère, c'est une combustion d'aliments.

Lorsqu'on a comparé dans les écrits d'économie rurale la quotité de bétail à la surface d'un domaine, ou autrement lorsqu'on a rapporté le poids du bétail à l'hectare, on a fait une chose funeste. Ce n'est pas le nombre d'animaux qui fait la richesse de la culture ou qui peut servir à la caractériser, c'est la quotité des ressources qu'elle peut affecter à leur alimentation. Le seul rapport logique est donc le rapport du fourrage à la surface.

Avec moins d'animaux, mais mieux nourris, la Dombes serait plus riche qu'elle ne l'est.

Ma seconde conclusion est celle-ci. Quelque mal entendu que soit en Dombes l'élevage du bétail, quelque peu productive qu'y soit la consommation des fourrages, la production animale y est cependant, comme toutes les spéculations qui n'exigent qu'une somme minime de travail, comme la culture des étangs et la production des bois, l'un des côtés intéressants de la production totale; elle peut payer une rente et laisser des profits, après avoir prélevé la part des salaires.

Je sais bien qu'il est difficile d'évaluer la somme de travail que nécessitent la garde et l'entretien du bétail en Dombes, et par conséquent la part faite aux salaires sur la masse totale des valeurs réalisées annuellement par la production animale. La comptabilité est inconnue dans les fermes de la Dombes; et lorsqu'on analyse les opérations qui s'y pratiquent, on n'a que des chances d'approcher de la vérité. Toutefois les recherches que j'ai faites à ce sujet ont été si multipliées, que je n'hésite pas à fixer au cinquième environ des produits animaux le chiffre des salaires destinés à rémunérer le travail appliqué spécialement à l'entretien et aux soins du bétail. La part faite aux salaires sur la production animale de la Dombes d'étangs serait donc de 312,000 fr. environ; et il resterait à la rente et à la culture, après prélèvement de cette part, une somme de 1,279,000 fr.

Si nous joignons à ce produit net le produit des étangs, défalcation faite des salaires, savoir 784,000 francs, et celui des bois qui, ainsi que je le dirai plus loin, doit s'élever à 360,000 fr., nous aurons pour ces trois catégories de produits une somme totale de près de 2,400,000 fr., c'est-à-dire l'équivalent de la part qui revient aujourd'hui, sur la production totale de la Dombes, soit à la rente et à l'impôt, soit au bénéfice de la culture.

Supposons maintenant que les 24 millions de kilog. de fourrages fauchés, actuellement consommés par des animaux de travail, soient consommés par des animaux de rente, supposons en outre que les 34,000 hectares de terres arables soient laissés en pâturage destiné à être utilisé par des moutons, nous trouverons que ce système, qui est l'abandon de toute culture, réaliserait une production annuelle et nette de frais de plus de 4 millions de francs, soit de plus de 50 fr. par hectare, c'est-à-dire une somme beaucoup plus élevée que le produit net de l'hectare du sol en Dombes. Et pourtant la production animale livre aujourd'hui à la culture une masse d'engrais que non seulement celle-ci ne paie pas, mais qui suffisent à peine à couvrir les salaires du travail agricole en Dombes.

On peut trouver de prime abord ces chiffres hypothétiques et dire que j'exagère la situation dans son ensemble. Mais voici des faits bien connus et que tout le monde peut vérifier. — Il n'y a pas aujourd'hui de domaine où le propriétaire n'augmenterait son revenu d'une façon sensible en louant isolément ses prés, ses étangs et ses bois, et en abandonnant ses terres. Quelques propriétaires même, par suite de cet abandon pur et simple, ont doublé la rente du sol. Enfin je connais une propriété de 120 hectares, qui non seulement ne donne pas de rente, mais qui exige encore pour la nourriture et l'entretien de deux métayers une somme de 1,500 fr., consacrée annuellement à cet entretien par le propriétaire.

Mieux vaut ne pas produire que de produire à perte; et, à ce point de vue, l'abandon de la culture serait un progrès pour la Dombes. Mais c'est là un remède héroïque et qui ne doit être tenté qu'en désespoir de cause. Si la culture du sol n'utilise pas d'une manière fructueuse les fumiers que lui livre la production animale, si elle n'ajoute rien ni à la rente des propriétaires ni au profit des cultivateurs, elle paie une quotité de salaires auxquels se rattache étroitement une portion notable de la population de la Dombes et qui la font vivre ; or, la suppression de la culture, en tarissant cette source de travail, entraînerait la suppression de ces salaires, et par conséquent la dépopulation de la Dombes. Avant d'en venir à cette extrémité, il faut essayer d'autres remèdes, et se demander du moins s'il n'y a pas mieux à faire et si la Dombes est fatalement vouée à l'impuissance et à la pauvreté.

CHAPITRE IX.

LES BOIS ET LES CULTURES.

Les bois de la Dombes d'étangs ne couvrent pas moins d'une superficie de 12,000 hectares, c'est-à-dire le sixième environ du territoire.

Ces bois sont généralement des taillis et des taillis sous futaie. Sauf la belle forêt domaniale de Seillon qui contient 6 à 700 hectares et enceint la Dombes du côté nord-est, tous ces bois appartiennent à des particuliers.

La répartition des bois sur le territoire est assez remarquable. Ce n'est pas le centre du pays qui en possède le plus, comme on serait tenté de le croire, ce sont les communes du pourtour. Dans cette position intermédiaire, les besoins de la population riche et pressée qui entoure la Dombes de tous les côtés ont fourni un débouché avantageux pour les bois, et contribué à maintenir sinon à étendre la surface boisée. Dans le centre du pays d'étangs où les bois ont une valeur moindre, les défrichements en réduisent de jour en jour la surface. Les communes de Birieux, Monthieux, la Pérouse et Ste-Olive, quatre communes des plus pauvres de la Dombes centrale, n'ont que 200 hectares de bois sur une surface totale de 5,395 hectares, soit le 27e environ de leur superficie.

Les principales essences forestières de la Dombes sont l'aulne, le chêne et le bouleau.

L'aulne sert exclusivement aux usages domestiques des fermes de la Dombes. Cette essence se trouve d'ailleurs moins dans l'intérieur des taillis que dans les pâturages ou *champayes* et sur le bord des cours d'eau.

Quelques taillis placés dans le voisinage de Bourg fournissent le bois de chauffage aux habitants de cette ville. Le plus grand nombre est exploité à dix ou douze ans et ne produit que des bois de fagots. Dans une ou deux communes on convertit le bois en charbon.

Le bois de service n'est pas précisément rare en Dombes. En dehors des besoins du pays, il s'en exporte dans les communes voisines.

Le bouleau est un arbre précieux en Dombes. Il y croît généralement vite et bien. A l'âge de 25 ou 30 ans, il peut servir à la fabrication des sabots et se vend au prix de 5 ou 6 francs. Avec une centaine de bouleaux par hectare de taillis, le produit seul des bouleaux sera annuellement de 15 à 18 fr. par hectare.

Le bouleau ne prospère pas également sur toute la surface de la Dombes. Les communes voisines de Saint-Trivier-sur-Moignans, Châtillon-sur-Chalaronne, Neuville-sur-Renom sont celles où il réussit le mieux et où il se trouve en plus grande abondance. Au nord-est et à l'est de la Dombes, il file moins droit, croît moins vite et a souvent une apparence malingre et chétive. Les sabotiers qui achètent ces bouleaux les débitent ou les font débiter sur place. Ils les creusent et les *parent* au lieu de destination.

Le produit des bois est nécessairement variable en Dombes, suivant la distance au lieu de consommation, la nature des essences et la qualité du sol.

Lorsque les taillis sont bien situés, comme sur la lisière immédiate de la Dombes d'étangs, lorsqu'ils sont en outre bien aménagés et entretenus avec soin, leur coupe à 12 ans peut s'élever jusqu'à la valeur de 600 fr. par hectare, les frais d'exploitation étant en outre à la charge des preneurs. C'est une rente moyenne de 50 fr. par an.

Dans l'intérieur du pays le produit d'une coupe de 12 ans peut s'abaisser jusqu'à 2 ou 300 fr. Mais les bois de service laissés en réserve ou bien les bouleaux augmentent notablement ce produit et quelquefois le doublent. Je pense qu'on peut estimer le produit brut annuel des bois en Dombes à 40 fr. en moyenne par hectare et par année, et les frais d'exploitation à 10 francs.

La production totale des bois en Dombes représenterait donc une valeur annuelle de 480,000 fr., dont 120,000 fr. formeraient la part attribuée aux salaires sur cette production.

J'ai dit que la surface arable de la Dombes d'étangs, qui n'était que de 32,381 hectares à l'époque des opérations cadastrales, a été sensiblement augmentée depuis lors et peut être évaluée aujourd'hui à 34,000 hectares.

Voici quelle serait la proportion annuelle des cultures sur cette surface, d'après les documents officiels de la statistique recueillis par l'administration dans ces dernières années :

Blé	13,000 hect^{res}.
Seigle	3,000
Orge	500
Pommes de terre, colza, maïs, etc..	2,000
Prairies artificielles	3,000
Jachères	11,500
Total	34,000 hect^{res}.

Je ne tiens pas compte dans cette division de 7 à 800 hectares ensemencés annuellement en sarrazin après l'enlèvement du blé.

Ce qui frappe tout d'abord les yeux dans cette

répartition du sol arable, c'est la faible proportion des cultures fourragères. Trois mille hectares sur 34,000, c'est moins du 11e de la surface arable totale ; et si à ces cultures fourragères on ajoute la surface des prairies naturelles, on voit que la Dombes ne consacre que onze mille hectares à la production des fourrages et qu'elle possède 34,000 hectares destinés à la consommation des engrais.

La question qui domine toutes les autres en agriculture, c'est la production du fumier, c'est-à-dire de la matière première de l'industrie agricole. C'est avec du fumier qu'on fait du blé, et les céréales de toute sorte ne peuvent s'obtenir sur un espace donné qu'en quantité directement proportionnelle à la quantité de fumier dont on dispose pour cet espace. La production n'est donc pas subordonnée à l'étendue du sol arable ; et comme la population est une conséquence de la production, l'élément qui sert de base à la production est aussi celui qui sert de base à la population : c'est le fumier produit et non l'étendue de la surface arable. Avec 10,000 kilogr. de fumier répandus annuellement sur un hectare, le produit sera sensiblement égal à celui qu'on obtiendrait en répandant ces 10,000 kilogrammes sur dix hectares. — Il y aura toutefois une différence ; je dois la signaler. Si le produit est sensiblement le même, les frais ne seront pas égaux. Il aura fallu, à peu de chose près, dix fois plus de dépenses en frais généraux, main-d'œuvre, etc., dans le second cas que dans le premier. Comparé au travail fait, dans le premier cas le produit sera magnifique et le travail aura été fécond ; — dans le second cas, le produit sera infime et le travail aura été improductif. L'hectare fumé à raison de 10,000 kilogr. pourra nourrir autant de têtes que dix hectares fumés à raison de 1,000 kilogr., et les hommes qui vivent du produit de ces dix hectares auront plus de travail à faire que les hommes vivant sur un seul hectare.

Le travail de l'homme, pour être fécond, doit donc mettre en œuvre la plus grande somme possible de matières premières, c'est-à-dire d'engrais ; et il sera d'autant plus fécond et productif qu'à l'application d'une somme donnée de forces correspondra une plus grande quantité de fumier.

Le fumier, ou d'une manière générale l'engrais, voilà la base de la production agricole, la source de la richesse et le principe même de la population. En vain essaierait-on de placer artificiellement une population dense dans un pays dépourvu d'engrais. Le travail seul ne fait pas vivre ; cette population mourrait de faim.

Les systèmes de culture eux-mêmes qu'on a l'habitude depuis longtemps de subdiviser à l'infini, en les considérant au point de vue de la somme de travail ou de capitaux qu'ils exigent, n'ont pas d'autre base logique que la proportion de fumier qu'ils produisent ou mettent en œuvre.

En insistant, comme je le fais à dessein, sur ces considérations, je ne prétends pas découvrir des vérités nouvelles et doter l'humanité de principes inédits. Je ne veux que rappeler avec l'énergie dont je suis capable des vérités banales dans les livres, mais complétement ignorées ou méconnues en Dombes.

Que la Dombes n'ait aujourd'hui que 8,000 hectares de prairies pour une surface arable de 34,000 hectares, cela se conçoit à la rigueur. L'emplacement naturel des prairies étant occupé par les étangs, les eaux de la Dombes leur appartiennent. Pendant que les étangs subsisteront, les prairies naturelles ne pourront se développer. Mais les prairies naturelles ne sont pas le seul moyen d'accroître les fourrages, et par conséquent le fumier, et par conséquent la production, et par conséquent encore la richesse agricole et la population. A côté des prairies naturelles dont l'étendue est actuellement limitée, les prairies artificielles, les cultures fourragères et même le simple pâturage devaient prendre dans la culture une place d'autant plus importante que le travail de l'homme, déjà stérile à raison de la faible quantité de fumier qu'il met en œuvre, coûtait plus cher. A l'époque de l'introduction de la chaux, la Dombes avait une occasion magnifique de transformer sinon ses conditions hygiéniques, du moins ses conditions agricoles et par conséquent d'améliorer notablement sa position. L'influence de la chaux ne devait pas se borner à la subs-

titution du blé au seigle ; ce qui la rendait surtout
précieuse, c'est qu'elle permettait la culture des fourrages et notamment du trèfle sur le sol arable, et
qu'elle devait ainsi accroître dans une large mesure
les éléments de production et d'amélioration. L'augmentation des ressources en fumier et par conséquent
l'accroissement des fourrages n'est pas seulement une
affaire de convenance et d'utilité à la suite du chaulage, c'est encore une nécessité. Non seulement la
chaux permet les cultures fourragères, mais elle les
exige impérieusement ; si cette exigence est méconn-
nue, les résultats du chaulage seront aussi funestes
qu'ils auraient pu être heureux.

On chaule depuis trente ans en Dombes, et moins
du onzième de la surface arable est aujourd'hui consacrée à la production des fourrages. Je connais des
domaines chaulés intégralement à diverses reprises
et ne possédant pas deux hectares de trèfle sur soixante
hectares de terres arables.

La question de la chaux n'a donc pas été comprise
en Dombes. Son application n'a été faite qu'en vue de
la production immédiate du blé ; et comme la terre se
fatigue promptement à donner sans recevoir, le chaulage a appauvri le sol dans la majeure partie des cas.

Pour réussir en agriculture, ce n'est pas à la production immédiate et exclusive du blé qu'il faut viser ;
c'est à la production des fourrages qui donnent du
fumier et avec lui tous les produits qu'on veut ob-

tenir. Les exemples ne manquent pas d'ailleurs à la Dombes pour prouver que la fumure a sur la production l'influence la plus manifeste et la plus exclusive. La production y est partout en raison de la fumure et non du travail; et pour obtenir des récoltes de 20 à 30 hectolitres à l'hectare, il ne faut que disposer d'une quotité annuelle de 7 à 8,000 kilog. de fumier par hectare de terre arable. Mais les domaines qui produisent cette fumure sont fort rares : on les compte facilement; je développerai ultérieurement avec quelques détails le système de culture et les ressources de la plupart d'entr'eux. Les ressources du plus grand nombre sont de beaucoup inférieures.

La consommation des fourrages fauchés est en Dombes de 1,000 kilogr. environ par hectare de terre arable et d'un poids sensiblement égal de pailles. Si l'on joint à cette masse de fourrages et de pailles consommés par le bétail le poids de la paille employée en litière, et qu'on tienne compte à la fois soit de l'augmentation en poids qui résulte de la consommation des fourrages et de l'emploi des litières, soit de la perte des déjections qu'occasionnent forcément le pâturage pour les animaux de rente et le labour pour les animaux de travail, on voit que la masse des fumiers créés par la Dombes d'étangs ne peut guère être évaluée qu'à 3,000 ou 3,500 kilogr. par hectare de surface arable, soit une masse totale de 120 millions de kilogr. pour le pays tout entier.

Le fumier produit se répartissant annuellement sur la moitié de la surface arable, le poids moyen des fumures dans la Dombes d'étangs est de 6 à 7,000 kilog. environ.

Ce fumier est d'autant moins riche que l'engraissement ne se pratique pas en Dombes, et que la paille figure pour une plus large part dans l'alimentation du bétail. Il subit en outre une préparation très-défectueuse qui a pour conséquence d'altérer notablement sa valeur. Je ne pense pas qu'il existe beaucoup de pays en France où la conservation des fumiers soit aussi mal entendue qu'en Dombes. Non seulement les fosses à purin y sont inconnues; mais encore l'emplacement du fumier est le plus généralement choisi sur un plan incliné et sous l'égoût même des toits. Le fumier qu'on sort de l'étable tous les quinze jours ou tous les mois est d'abord jeté au hasard sur le tas, et reste ainsi pêle-mêle et en désordre, surtout durant l'été où la chaleur dans les étables est intense et où l'urgence des travaux ne laisse même pas le temps de l'étendre en couches régulières. Il en résulte une fermentation très-inégale et un lavage continu par les eaux pluviales. Lorsqu'à l'époque des semailles on conduit ce fumier sur les terres, il n'a guère d'autre valeur que celle même des pailles qui ont servi à le former.

Si le tas de fumier est la base de la culture, le moyen le plus infaillible et le caractère le moins contestable de sa prospérité ; c'est à en augmenter le volume et à en accroître la valeur que doivent tendre tous les efforts du cultivateur intelligent. Pour qui voudra sérieusement contribuer à l'amélioration de la Dombes, ce sera là le sujet d'une importante réforme à opérer, d'une méthode capitale à introduire. Quelques propriétaires ont déjà tenté la culture en Dombes, ainsi que je l'ai dit ; d'autres dirigent des domaines ou surveillent des métairies. Tous ou presque tous ont fait en constructions, en desséchements mal entendus, en défrichements, en chaulages des dépenses énormes ; et tous ou presque tous ont vu crouler l'édifice de leur fortune, pour n'avoir pas compris l'importance presque exclusive du tas de fumier et n'avoir pas dirigé leurs efforts dans ce sens.

Avec cette pénurie de fumier, avec cette mauvaise préparation, il ne faut pas songer en Dombes à appliquer l'engrais aux cultures fourragères. Avant tout il faut satisfaire aux besoins du moment ; il faut obtenir un peu de blé et appliquer directement à cette culture le peu de mauvais fumier qu'on produit.

Cette situation ne serait qu'à moitié désastreuse si, la masse des fumiers restant la même, la surface arable était réduite de moitié. Le produit, il est vrai, resterait sensiblement ce qu'il est ; mais avec moitié moins de frais de culture, la Dombes serait relativement riche. Elle n'aurait pas à payer des salaires écrasants pour elle et se passerait en grande partie du concours onéreux des populations voisines. Le pâturage intelligemment conduit sur les terres ainsi délaissées lui fournirait en outre un contingent de précieuses ressources. Au lieu d'être obligée d'épuiser le sol pour faire vivre pauvrement sa population, la Dombes pourrait consacrer une partie de ses fumiers aux cultures fourragères, le plus fructueux emploi qu'on puisse faire du fumier. Elle capitaliserait une part de ses produits, accroîtrait rapidement son aisance et verrait s'augmenter sa population. Mais la réduction de la surface arable n'est point chose facile à réaliser. Rien n'est plus fécond qu'un bon principe d'économie rurale; mais rien n'est plus difficile que de le faire accepter. Ce que veut le cultivateur Dombiste, ce qu'il cherche, c'est une grande étendue de terres arables; et il sera plutôt porté à défricher des pâturages et des bois qu'à planter des bois ou à faire des pâturages.

La jachère est le pivot actuel de la culture en Dombes. Comme le sol y est humide au printemps et en automne et que les plantes adventices s'y développent avec une singulière facilité, la sole de jachère ne doit pas être labourée moins de quatre fois par an. Ces labours sont généralement peu profonds. Mais que le lecteur se rappelle la lenteur du Dombiste, la petitesse et le manque de force de ses attelages, qu'il se rappelle en outre le taux élevé des salaires en Dombes, et il pourra se faire une idée exacte de ce qu'y coûte la jachère. Avec ses bœufs petits et maigres et par conséquent sans vigueur, avec sa population rare et maladive, la culture dombiste laboure annuellement une surface égale en étendue à la surface totale de son territoire.

L'assolement suivi de temps immémorial en Dombes est l'assolement biennal, jachère et céréales. Sur quelques points du pays, cet assolement, qui ne devrait se transformer qu'au profit de la culture des fourrages, tend à se modifier dans un autre sens, en admettant la culture du colza ou du maïs entre deux récoltes de blé.

La culture du blé est, comme toutes les cultures de la Dombes, un peu chanceuse. Sans fumier on ne saurait labourer profond ; et avec des labours superficiels, avec un sol humide au printemps et sec en été, toutes les cultures courent des risques. Néanmoins, lorsque le printemps n'a pas été trop humide, le produit moyen du blé s'élève jusqu'à 12 et même 13 hectolitres à l'hectare, semence déduite. Par contre, dans les années défavorables, il descend jusqu'à 8 et même 7 hectolitres. En moyenne on peut évaluer à 10 hectolitres, semence déduite, le rendement annuel du blé dans la Dombes d'étangs. Au prix moyen de 18 fr. l'hectolitre, c'est un produit brut d'une valeur de 180 fr.

Le produit brut total des 13,000 hectares annuellement ensemencés en blé représente donc une valeur approximative de 2,340,000 francs.

La culture du seigle, réservée aux terres non chaulées, n'a plus aujourd'hui qu'une importance secon-.
daire en Dombes. Avant l'introduction de la chaux,
le seigle était la céréale prédominante. Mais il a suffi
de chauler à faible dose les terres à seigle pour en
faire des terres à froment, et pour obtenir, au moins
dès les années qui ont immédiatement suivi le chaulage, un accroissement assez notable de produits. Les
communes les plus centrales de la Dombes et les plus
éloignées des pays calcaires, comme Bouligneux,
Monthieux, Saint-Trivier et Villars, sont encore celles
où le seigle se récolte en plus grande abondance et
occupe des surfaces presque égales à celles qui sont
consacrées à la production du blé. Le perfectionnement et la multiplication récente des voies de communication en Dombes auront pour résultat de faire
disparaître promptement cette culture. On peut évaluer à 9 hectolitres par hectare, semence déduite,
le rendement moyen annuel du seigle. Au prix de 12
francs l'hectolitre, c'est une valeur de 108 fr.

La production totale des 3,000 hectares annuellement ensemencés en seigle est donc de 324,000 francs
environ.

La production de l'orge, dont le rendement moyen
est de 12 hectolitres et la valeur moyenne de 11 fr.
l'hectolitre, représente une valeur approximative de
66,000 francs.

Le maïs et les pommes de terre figurent dans

le tableau de la répartition des emblavures de la Dombes d'étangs pour une surface de 2,000 hectares ; ce sont des plantes sarclées qui ne réussissent bien que dans un sol riche et profond. La main-d'œuvre qu'elles exigent est en outre considérable. A tous ces titres, ces cultures ne peuvent être qu'exceptionnelles en Dombes, où la main-d'œuvre est rare et où le fumier l'est plus encore. Aussi ne cultive-t-on le maïs et les pommes de terre que dans les *verchères*, c'est-à-dire dans les terres immédiatement attenantes aux maisons d'habitation ; et leurs produits, réservés exclusivement à l'usage intérieur des domaines, ne donnent lieu à aucun commerce extérieur.

Le colza et la navette absorberaient également de fortes fumures et nécessiteraient une somme considérable de travail, si la main-d'œuvre et la fumure étaient faciles à se procurer en Dombes. Pour tourner la difficulté on prépare le sol par une demi-jachère et l'on sème sans fumure. On ne pratique aucun sarclage ; aussi la récolte est ce qu'elle peut être.

On peut évaluer à 140 francs l'hectare le produit moyen des terres ensemencées en maïs, en pommes de terre et en navette.

La surface consacrée à ces cultures étant annuellement de 2,000 hectares, la valeur totale des produits qui en découlent est approximativement de 280,000 francs.

Enfin la Dombes possède encore de 7 à 800 hecta-

es de sarrazin, cultivé comme récolte dérobée après
enlèvement du blé. Le produit de cette culture, d'une
aleur moyenne de 40 fr. par hectare, est de 30,000 fr.
nviron.

Le produit brut annuel des 34,000 hectares de ter-
es arables, non compris les fourrages provenant des
,000 hectares de trèfle et de vesces, peut donc être
valué ainsi :

Blé...............................	2,340,000 fr.
Seigle............................	324,000
Orge..............................	66,000
Maïs, pommes de terre, navette, etc.	280,000
Sarrazin..........................	30,000
Total...............	3,040,000 fr.

Réparti sur la surface arable totale, ce produit donne
une valeur moyenne de 92 francs par hectare et par
année, soit une valeur à peine supérieure d'un hui-
tième à la valeur du produit brut des étangs.

Ce simple rapprochement explique la ténacité des
cultivateurs et des propriétaires pour la culture des
étangs. Les étangs donnent sans fumier et presque sans
travail un produit à peu de chose près égal à celui
des terres arables; et celles-ci consomment des fumiers et demandent une somme de travail énorme
que les conditions hygiéniques du pays rendent doublement onéreux. Il est vrai que, si le produit des terres n'est pas plus élevé, c'est parce que la fumure est
nulle en Dombes et que les étangs occupent la place

naturelle des prairies. Mais cette considération n'est pas à la portée du Dombiste; il ne voit que le résultat immédiat et ne se rend pas compte des causes.

En comparant la valeur des produits végétaux créés sur la surface arable de la Dombes à la valeur de la production animale soit 1,591,000 francs, on voit que la première est deux fois plus élevée que la seconde, signe infaillible d'une culture très-épuisante. Il faut remarquer en outre qu'une part de la production animale se crée sur les étangs de la Dombes, et que sans le contingent de fourrages fournis par la brouille le chiffre total qui représente la valeur de cette production serait encore réduit dans une certaine mesure; ce qui indique surabondamment que les bases de la culture en Dombes sont tout à fait vicieuses.

Culture sans prairies, sans bétail et sans fumier, par conséquent culture peu productive et culture épuisante, voilà en résumé l'état et le caractère de la culture en Dombes.

Je pourrais démontrer en outre que cette culture si épuisante est encore énormément coûteuse. Mais, après toutes les considérations qui précèdent, cette nouvelle démonstration serait superflue. Quand le travail est pour ainsi dire le seul élément de la production agricole, et quand le travail coûte à la culture deux fois plus qu'ailleurs, le produit peut à la rigueur payer les salaires, mais il ne saurait aller au-delà.

—⚓—

CHAPITRE X

LE PRODUIT BRUT ET SA RÉPARTITION.

Jusqu'ici j'ai exposé avec quelques détails les influences qui agissent sur la Dombes et déterminent ou servent à expliquer ses méthodes de culture. Le moment est venu de traduire en chiffres le résultat de ces influences et d'apprécier dans son ensemble la situation exacte du pays d'étangs.

Quel que soit le système de culture d'un pays, quels que soient les éléments qu'y mette en œuvre l'industrie agricole, le but de cette culture et de cette industrie est toujours forcément la production des matières qui peuvent servir à la satisfaction de nos besoins et qui ont par conséquent sur le marché une valeur réglée par la loi de l'offre et de la demande.

Il en résulte que les systèmes de culture peuvent se comparer entre eux par la somme des matières produites sur un espace donné, ou plutôt par le prix qui représente leur valeur.

L'importance du produit brut n'est pas toutefois seule à considérer.

Toutes les industries mettent en œuvre trois éléments de production: le capital, le travail et l'intelligence; et toutes les industries doivent rémunérer ces éléments proportionnellement au concours fourni par chacun d'eux à la production.

Dans l'industrie agricole, la rémunération du capital foncier est ce qu'on nomme la *rente*. Ce capital étant fourni par la propriété, la rente représente la part des produits qui reviennent au propriétaire pour la concession temporaire du sol et de ses facultés productives.

La part du travail dans le produit constitue les *salaires*. C'est la rémunération du travail appliqué à la production.

Le *profit de la culture* représente la part de l'intelligence et la rémunération de son concours dans la production. A ce profit s'ajoute aussi très-légitimement la rémunération du capital d'exploitation, lorsque c'est la culture qui fournit ce capital.

Enfin, il faut distinguer encore dans la répartition du produit la part consacrée annuellement à l'achat des engrais ou des amendements ainsi qu'à l'entretien du matériel agricole. Cette part spéciale de la production est ce qu'on appelle les frais accessoires de culture.

Il est bien évident que, plus la production sera importante, plus la part faite à chacun des agents qui ont concouru à la production pourra être considérable; et que la situation du propriétaire, du cultivateur et du travailleur devra être d'autant meilleure que le produit brut sera plus élevé.

On sent toutefois qu'il doit y avoir un certain équilibre dans la répartition du produit entre les divers agents de la production. Le produit étant limité, l'exagération de la part faite à l'un ne peut avoir lieu qu'au détriment de la part faite aux autres; et comme l'harmonie entre ces divers agents est nécessaire à la production elle-même, le développement de la production n'est pas moins directement intéressée que la satisfaction des besoins immédiats, dans la bonne répartition du produit. A l'égard de la rente et du profit il ne saurait y avoir de difficultés: plus la rente et le profit seront élevés, plus le cultivateur et le propriétaire, après avoir satisfait à leurs besoins, seront en meilleure position pour faire des épargnes, c'est-à-dire pour constituer un capital nouveau qui à son tour deviendra un élément de production. La question des salaires est plus compliquée. Au point de vue individuel, il est bon que la part afférente à chaque travailleur ou le taux du salaire soit relativement

élevé ; à cette condition seulement, le travail four-
nira l'aisance au travailleur. Au point de vue de la
production, il est bon que la quotité absolue, le chiffre total des salaires, et par conséquent le concours
du travail à la production, ou si l'on veut le nombre
des travailleurs soit restreint dans de certaines
limites. Si les salaires absorbaient tout le produit,
le capital et l'intelligence, les deux agents les plus
féconds de la production, disparaîtraient de l'industrie agricole et avec eux la source même du travail et des salaires. Elévation relative de la rente et
du profit, élévation du taux des salaires, part mo-
dérée du travail dans la production et par conséquent dans la répartition du produit : telles sont les
lois générales qui constituent entre les éléments de
la production une harmonie féconde, donnant à la
fois satisfaction aux intérêts sociaux et aux besoins
individuels. Toutes les fois que cette harmonie est
rompue, toutes les fois que pour un motif ou pour
l'autre l'un des agents de la production est en souffrance, la solidarité qui les unit, la réaction mu-
tuelle qu'ils exercent sont telles qu'on peut dire hardiment que tous les autres souffrent également.

Faisons l'application de ces principes à la Dombes,
et disons rapidement quel y est le produit brut,
et comment il se répartit entre les agents de la production.

J'ai évalué le produit brut total des étangs de la
Dombes à ....   1,106,000 fr.
   Celui des bois à   480,000
   Celui des animaux à   1,591,000
   Celui des cultures à............   3,140,000

                   Soit un total de 6,317,000

Je dois répéter que, bien que ces chiffres soient hypothétiques et que je n'aie eu pour les établir que des
moyennes empruntées à la statistique officielle et à des
analyses spéciales des conditions de la culture dans
quelques domaines, je les crois exacts.

Réparti sur la surface totale de la Dombes d'étangs,
soit sur 75,888 hectares, ce produit total ne donne
qu'un produit moyen de 83 fr. par hectare.

En France, le produit moyen du sol est évalué par
M. Léonce de Lavergne à 100 francs par hectare, et la
moyenne de la moitié la moins productive de notre
territoire, à 80 francs environ.

Le produit brut de la Dombes est donc inférieur au
produit brut moyen du sol en France, et à peine supérieur au produit brut moyen de la moitié la moins riche du territoire national.

A ce point de vue, la Dombes vaut mieux peut-être
que sa réputation. Elle passe généralement pour l'une
des régions les moins productives de la France, tandis
qu'en réalité sa production s'éloigne assez peu de la
moyenne.

Mais ce n'est pas la moyenne du produit brut que

devrait atteindre la Dombes : placée aux portes de Lyon, elle devrait être la plus productive et la plus riche des régions qui entourent cette ville, tandis qu'elle est de beaucoup la plus pauvre. La Bresse est plus éloignée de Lyon que la Dombes, n'a pas un meilleur sol et a été couverte autrefois d'étangs. Le produit du sol y est aujourd'hui de 180 francs par hectare.

L'exemple de la Dombes toutefois est bien fait pour démontrer l'influence générale des débouchés sur la production, et l'importance dans le choix des industries que les débouchés sollicitent. La Dombes a sacrifié son avenir à la production du poisson, parce que ce produit trouvait dans les habitudes et les besoins d'une autre époque des conditions avantageuses de rémunération. Mais l'industrie des étangs s'appuyait sur un besoin temporaire; et lorsque les habitudes religieuses se sont modifiées, le débouché de la Dombes s'est sinon fermé, du moins considérablement amoindri, et avec lui la valeur de sa production. Cette diminution de valeur, déjà funeste par elle-même, a eu des conséquences d'autant plus désastreuses que non seulement les étangs à l'époque de leur prospérité n'avaient exercé aucune action directe sur la culture, mais qu'ils l'avaient encore amoindrie et ruinée sous tous les rapports.

La population maladive de la Dombes est aujourd'hui sans énergie pour le travail et incapable des combinaisons intellectuelles qui pourraient l'aider si utilement à rétablir sa prospérité. La fertilité des terres est venue s'engloutir peu à peu et d'une manière incessante dans les étangs, au fur et à mesure que, les étangs perdant de leur valeur, cette fertilité eût pu devenir plus précieuse. L'abondance et la richesse de ses eaux même n'ont été jusque là d'aucune utilité pour elle; au lieu de céder leurs éléments réparateurs aux terres épuisées ou aux prairies, elles n'ont cessé de déposer dans les bassins inondés le riche limon dont elles s'étaient chargées. Sans aucun doute les étangs qui ont absorbé ainsi toute la fertilité du plateau ont rendu parfois à la culture un fourrage précieux et d'abondantes provisions de paille. Mais que sont ces ressources, si grandes qu'on les dise, comparativement aux fourrages que devraient produire les vallées de la Dombes? Avec des prairies au lieu d'étangs, ces vallées eussent continuellement, sous la forme d'engrais, versé sur la terre du plateau la fertilité empruntée par les plantes fourragères à l'air et aux eaux pluviales. La fertilité des terres, au lieu de disparaître sous l'action incessante du temps, eût été grandissant de jour en jour; et la Dombes serait aujourd'hui ce que sont tous les pays placés comme elle dans le voisinage des grandes villes, riche et peuplée. Avec beaucoup de prairies, beaucoup de bétail et de bon bétail; avec beaucoup de bétail, beaucoup d'engrais; et avec beaucoup d'engrais, la richesse, la fertilité, le bien-être et l'abondance dont les prairies, le bétail et les engrais sont, à moins de circonstances tout à fait exceptionnelles, le moyen infaillible et la condition indispensable. Il n'y a pas à douter que, si la Dombes eût suivi la voie commune, sa production ne se fût élevée au moins à 200 fr. par hectare, au lieu d'être à peine de 83 fr., comme je viens de le dire.

Un débouché susceptible de grandir avec le temps et la population, basé sur un besoin permanent et non transitoire, voilà ce qui assure la durée d'une industrie. Un débouché secondaire et transitoire ruine tôt ou tard au contraire l'industrie qui s'y consacre, et ruine avec elle un pays tout entier, quand ce pays a fait de cette industrie la condition principale, dominante de son existence : c'est le cas de la Dombes.

Non seulement le produit brut en Dombes est de beaucoup inférieur à ce qu'il devrait être ; mais sa répartition entre les agents de la production est encore très-défectueuse.

Je crois qu'on peut évaluer ainsi d'une manière très-approximative la part de chacun de ces éléments sur le produit total :

Rente nominale...............	1,900,000 fr.
Affanures exportées..........	390,000
Salaires de la Dombes........	3,300,000
Frais accessoires de culture...	300,000
Profit des cultivateurs	427,000
Total......	6,317,000

Soit par hectare de superficie :

Rente nominale.............	25 fr.
Affanures exportées.........	5
Salaires de la Dombes........	43
Achat de fer et de chaux.....	4
Profit de la culture.........	6
Total......	83 fr.

La rente nominale est un peu inférieure au tiers du produit, ce qui lui conserve au premier aspect un rapport qu'on pourrait appeler normal et qui est le rapport le plus habituel de la rente au produit. Mais il faut se rappeler que ce n'est pas là la seule représentation du capital foncier en Dombes et que, une part importante du capital d'exploitation appartenant au propriétaire, la rémunération de ce capital entre pour une assez large part dans la constitution de la rente ; ce qui réduit singulièrement la rémunération propre du capital foncier.

De plus cette rente s'aggrave encore de différentes charges. Ainsi, il faut en défalquer la part prélevée par l'Etat sous le titre d'impôt pour subvenir aux dépenses publiques.

L'impôt en effet n'est jamais payé par le cultivateur en Dombes ; c'est le propriétaire qui le paie et le prélève sur la rente. Il faut en défalquer aussi les frais de réparation et d'entretien des bâtiments d'exploitation, qui sont toujours, ainsi que l'impôt, prélevés sur la rente et mis à la charge du propriétaire. Enfin il faut ajouter que cette rente nominale, avec toutes les charges qui la grèvent, ne se paie même pas toujours. Il suffit d'une succession de deux années mauvaises pour mettre le cultivateur en retard et rendre la rente sinon complètement illusoire, du moins partiellement et difficilement recouvrable. La situation du propriétaire en Dombes n'a donc rien de brillant; et si la propriété n'avait d'autres revenus que les produits du sol, elle serait finalement fort peu riche et le plus souvent très-gênée.

Si précaire et si réduite que soit la rente pour les possesseurs du sol, elle ne profite même pas à la Dombes et se consomme ailleurs. A la vérité une partie de l'impôt prélevé par l'Etat se dépense sur place depuis quelques années. Les subventions accordées aux syndicats de curage, la création d'un réseau de chemins ont pour le pays une utilité manifeste. Une partie de la rente retourne donc à la Dombes par la voie de l'impôt, et se consacre à des travaux essentiellement productifs, à des améliorations fécondes. Mais comparativement au chiffre total de la rente, cette part est bien minime; d'ailleurs ces travaux d'utilité générale ne sont entrepris que depuis ces dernières années. Si l'on tient compte des sommes consacrées annuellement à ces améliorations, ainsi que de la part de la rente qui peut se dépenser dans le pays soit en réparations de bâtiments, soit en consommations sur place, on ne saurait estimer à moins des trois cinquièmes du chiffre total de la rente, soit à moins de 1,200,000 francs, la part des produits annuellement exportés de la Dombes par les propriétaires et consommés dans les pays voisins.

Les affanures exportées font également vivre une partie des populations voisines de la Dombes ; mais la Dombes n'est en rien intéressée à leur consommation. C'est un tribut qu'elle paie aux pays voisins, et de tous les tributs le plus lourd et le moins productif pour elle, en même temps que le plus funeste à ceux-là même qui en profitent.

Le travail ordinaire de la culture a en effet pour but et pour résultat. de concourir à la production d'une manière immédiate ou tout au moins directe. Les labours, les hersages, les façons culturales de toute sortes, nettoient le sol, l'ameublissent et le mettent en état de soutirer à l'atmosphère et aux eaux pluviales leurs éléments de fertilité. L'application à l'enlèvement des récoltes n'a plus ce même caractère : le travail de la moisson et du battage est un travail obligé mais improductif. La fertilité du sol n'y est en rien intéressée ; quelle que soit à ce point de vue la dépense de force, cette dépense ne réagit d'aucune façon directe sur la production ultérieure. Or ce travail improductif, sans influence sur l'amélioration du sol, prélève sur la Dombes d'étangs une somme annuelle de près de 400,000 f., c'est-à-dire près du double de l'impôt foncier payé à l'Etat pour la même surface ; c'est un tribut doublement onéreux, puisqu'il n'en revient rien au pays : tel est, pour la Dombes, le dernier mot du système des affanures dont elle a le plus grand intérêt à s'affranchir.

A leur tour les populations voisines qui profitent des affanures ont à la conservation de ce système beaucoup moins d'intérêt qu'elles ne paraissent le croire. C'est à l'époque du développement des fièvres et durant la période de leur plus grande intensité que s'exécutent la moisson et le battage. Les ouvriers étrangers savent que la fièvre les attend en Dombes; mais l'appât d'un salaire élevé l'emporte sur les craintes de la maladie. La fièvre d'ailleurs n'est ni très-souvent mortelle, ni toujours inévitable : après tout on a quelques chances d'y échapper ; et, en fût-on atteint, quelques doses de quinine et quelques semaines de repos à l'hôpital de la ville prochaine suffisent à rendre la santé. Le gain est immédiat et le danger ne se montre qu'en perspective. On accepte donc les chances de la fièvre pour courir à la certitude du profit.—A cette loterie, le travailleur perd plus qu'il ne gagne. Sa santé s'altère, ses forces s'épuisent ; et, comme le Dombiste, il meurt avant l'âge, vieux d'infirmités et de vieillesse précoce. Il n'a respiré qu'un mois ou deux par année le climat empesté de la Dombes ; mais il a supporté le poids du jour et de la chaleur dans une saison inclémente ; il a bu de l'eau croupie ; il a aspiré par tous ses pores le germe de la maladie et de la décrépitude. Certes, s'il y a un bien précieux pour l'homme qui vit de son travail, c'est la santé du corps ; et les ouvriers temporaires que les pays voisins prêtent momentanément à la Dombes ne leur reviennent qu'épuisés, malades ou mourants.

Le système des affanures n'est donc pas moins désastreux pour les populations qui en profitent que pour la Dombes obligée de le subir.

Les salaires, voilà la grande plaie de la Dombes. Leur quotité absolue ou leur part dans la production est beaucoup trop considérable. En joignant aux salaires de la Dombes les affanures exportées qui ne sont que des salaires, on voit qu'ils absorbent plus de la moitié de la production ou 60 pour cent environ du produit brut. En France, la part faite au travail de l'homme dans l'industrie agricole ne représente moyennement que la moitié de la production totale, et encore trouve-t-on avec raison que cette part est plus considérable qu'elle ne devrait l'être si la culture y était mieux entendue.

Il faut considérer en outre que la Dombes n'a point de cultures arbustives qui exigent tant de main-d'œuvre, et que les étangs, les bois, les prés et les pâturages qui composent la moitié de sa surface et fournissent, à peu de chose près, la moitié de sa production, n'exigent qu'une somme insignifiante de travail, et qu'il faut bien porter dès-lors au passif des terres arables une masse effrayante de salaires absorbant à eux seuls tout ce que les terres produisent. Qu'on tienne compte de ces circonstances et l'on n'aura pas de peine à se persuader que nulle part le travail humain n'est moins productif qu'en Dombes.

Certes, et contrairement aux idées qui ont généralement cours, ce n'est pas le travail qui fait défaut à la Dombes; c'est la production qui fait défaut au travail, parce que l'application du travail ne se fait pas dans les conditions qui le rendent fécond et productif.

Au point de vue du taux du salaire, l'élévation est manifeste. Pendant qu'en France la moyenne du salaire est de 1 fr. 25 à 1 fr. 50 c. par journée de travail, elle est en Dombes de 2 fr. 50 c. à 3 fr. et peut même s'élever, à certains moments de l'année, jusqu'à 5 et 6 fr. Cette situation paraît favorable au travailleur; il semble qu'il doive se trouver bien de ce taux élevé. Malheureusement cette élévation rencontre dans l'insalubrité une compensation fâcheuse. Le travailleur en Dombes est exposé à la fièvre et aux maladies; il faut bien que le sol et la culture paient ses chances de maladie. Comme dans tous les pays insalubres d'ailleurs, la proportion de la population valide est inférieure en Dombes à la proportion moyenne, et si le travailleur y touche un salaire plus élevé qu'ailleurs, il a autour de lui plus de besoins à satisfaire avec le prix de son travail, plus de bouches inutiles à nourrir. En fin de compte, le taux du salaire s'est élevé au détriment de la production et sans profit direct pour le travailleur.

On peut voir, par ces considérations rapidement jetées, dans quelle grave erreur tombent ceux qui attendent l'amélioration de la Dombes de l'accroissement seul de la population. La rémunération d'un travail peu productif y dévore actuellement la propriété et la culture, et y absorbe plus de la moitié du produit brut. Que serait-ce si des travailleurs nouveaux s'acharnaient après cette terre improductive, mais non stérile, et osaient lui demander une part plus grande de salaires au nom d'une somme plus grande de travail? Les salaires absorberaient tout le produit; la rente deviendrait illusoire et la culture impossible.

Le fléau de la Dombes, ce n'est pas, comme on l'a toujours et sans cesse répété, le manque de bras, car la population n'engendre pas la richesse, et toute augmentation de la population apporterait une difficulté nouvelle à la situation en la compliquant sans profit. Le véritable fléau de la Dombes, c'est l'élévation du prix du travail et l'insuffisance de la production qui en découle, en d'autres termes, son improductivité. Je dois même le dire, et bien qu'ici je me heurte à des préjugés trop répandus, j'aurai ce courage : il y a déjà trop de travail en Dombes, par conséquent trop de travailleurs et trop de population.

Il est facile de voir pourquoi il y a actuellement

trop de travail et trop de travailleurs en Dombes : le travail y coûte trop cher, et il n'y est pas assez productif.

Le travail y coûte trop cher, parce que le pays est insalubre. La Dombes d'étangs est entourée de tous côtés de communes où la population regorge ; et il faut bien qu'il en soit ainsi pour que plus de 3,000 malheureux viennent tous les ans conquérir les affanures de la Dombes au prix de leur santé et de leur vie. Sans l'insalubrité, le salaire serait là ce qu'il est un peu plus loin, à quelques kilomètres de distance.

Le travail est improductif en Dombes pour deux motifs, dont l'un est encore l'insalubrité : chaque travailleur a en perspective une moyenne d'un certain nombre de jours de fièvre pendant lesquels il ne travaillera pas ou travaillera mal. Le dombiste est d'ailleurs sans énergie, et sa nature molle ne saurait se prêter à une grande activité ; le travail apparent est considérable ; le travail réel est singulièrement réduit. Le second motif qui rend le travail improductif en Dombes, c'est que la production, comme je l'ai déjà dit, ne s'y base pas sur le fumier mais presque exclusivement sur le travail.

Mais de même que les étangs sont la cause directe de l'insalubrité, de même leur existence est un obstacle à la production des engrais. Il y a plus : non seulement les étangs s'opposent à l'extension des prairies naturelles qui seules pourraient rétablir l'équili-

bre entre la somme de travail et la quotité de la fumure, mais ils dénudent et appauvrissent encore le
plateau au profit de leurs bassins. Quelle situation plus
défavorable! Partout le bétail est le précurseur obligé
et le précieux auxiliaire de l'homme : c'est lui qui
condense dans le sol la fertilité empruntée aux éléments de l'air et qui appelle alors les hommes en nombre directement proportionnel aux richesses qu'il a
recueillies, aux trésors qu'il a amassés.

On ne viole pas impunément les lois économiques
de la production; c'est pour avoir méconnu ces lois
que le travail de l'homme est stérile en Dombes. Si
l'état actuel des choses devait se prolonger, il y aurait
avantage pour tous et pour le sol lui-même à éclaircir
une population déjà clair-semée, dont les bras sans
vigueur fatiguent en vain la terre pour n'obtenir, en
fin de compte, que des produits insuffisants.

Les frais accessoires de culture ne comprennent en
Dombes que l'achat du fer dont la culture a besoin
pour son matériel, et l'achat de la chaux qu'elle tire
des pays voisins. Je n'ai estimé ces dépenses qu'à une
somme totale de 300,000 francs, soit 4 fr. environ
par hectare de superficie, et je crois ne m'être pas
trop sensiblement écarté de la vérité.

L'insignifiance de ces frais accessoires, la part si
légère faite à ces dépenses fécondes provient de la
constitution économique du pays. Sur un produit peu
élevé, prélèvement fait de la part si exagérée des

salaires, la propriété et la culture ne peuvent consacrer aux frais accessoires qu'une somme restreinte. Avant qu'une population puisse confier des capitaux au sol, il faut qu'elle vive, et ce n'est qu'après avoir satisfait aux impérieux besoins de l'existence qu'elle peut faire des épargnes et les consacrer à la production.

Enfin j'ai évalué le profit de la culture à 427,000 francs, soit par hectare de superficie 6 fr. environ.

Ce profit provient presque exclusivement d'une seule source, la culture des étangs, et ne se répartit qu'entre un petit nombre de cultivateurs. J'ai dit, en effet, que la culture des étangs laisse un profit lorsque la part de la rente et celle des salaires sont prélevées, et qu'on peut estimer en moyenne ce profit à 20 fr. par hectare et par année. Mais tous les domaines n'ont pas la même proportion d'étangs, et de là résulte en majeure partie, comme je l'ai dit également, le choix entre le mode d'exploitation du sol par le métayage et le mode d'exploitation par le fermage. Le métayer qui n'a pas ou presque pas de capital d'exploitation et qui cultive rarement des étangs n'a aussi point de part au profit : il travaille comme ses domestiques, et sa situation au fond n'est pas meilleure. C'est le cultivateur des étangs, fermier ou fermier général, qui profite du bénéfice que laisse leur culture. Et, comme le nombre des fermiers est en Dombes d'environ 600, chaque fermier a en moyenne un profit annuel de 700 francs environ.

Ce profit minime, si l'on considère l'étendue sur laquelle il s'obtient, ne constitue pas même des épargnes, outre que les fermiers généraux en exportent hors du centre de la Dombes une part plus ou moins considérable; le fermier dombiste ne capitalise pas; il n'a pas, comme ailleurs en France, le goût de la propriété ou des améliorations. Vivant mieux que le métayer, il dépense plus que lui en consommations de ménage et surtout dans la fréquentation assidue des foires et des marchés.

Avec cette situation précaire des métayers, avec cette imprévoyance des fermiers, il suffit qu'une récolte de blé manque pour que la culture de la Dombes soit littéralement en proie à la gêne et même à la misère. Des souffrances inouïes pèsent alors sur ce malheureux pays, et ce n'est le plus souvent qu'en abandonnant tout ou partie de la rente que la propriété aide la culture à traverser ces années difficiles.

Au total, la production de la Dombes est fort peu considérable, et une part importante du produit brut ne se consomme pas dans le pays; elle en sort sous forme d'impôts, de rente, d'affanures. Si l'on calcule approximativement quelle est ainsi la part de la production qui s'exporte annuellement, on trouve, en estimant les choses au plus haut, qu'il reste à peine à la Dombes pour sa consommation propre les deux tiers de sa production totale, soit un peu plus de 4 millions, ou 160 fr. environ par tête.

13

Prise en bloc, la population dombiste est une des plus pauvres qu'il soit possible de trouver.

Qu'on ne s'étonne pas que la population ne croisse en Dombes que dans une proportion inférieure aux pays voisins, malgré le contingent d'immigrants que ces pays lui fournissent. L'homme ne vit pas là où il ne peut trouver à vivre ; et la Dombes fût-elle salubre, si les conditions de la culture devaient rester ce qu'elles sont, le résultat final serait le même. La misère tue aussi bien et plus sûrement peut-être que l'insalubrité.

Pour résumer ici les traits épars du tableau que je viens de tracer, je rappellerai que la culture en Dombes est épuisante parce qu'elle a des étangs aux lieu et place des prairies.

Le produit brut y est faible, parce que la production ne se base que sur le travail, le moins fécond des agents qui concourent à la production. Le capital ne peut s'y produire, faute des milieux qui le développent : les prairies, le bétail et le fumier.

Enfin la répartition de ce faible produit est vicieuse : la rente y est faible, précaire et s'exporte presque intégralement ; la rémunération d'un travail peu productif y absorbe 60 % du produit ; le profit de la culture est aussi nul que le capital qu'elle possède, et finalement la Dombes n'a pas moins à lutter contre le fléau de la misère que contre le fléau de l'insalubrité, parce que la Dombes possède des étangs dont l'influence hygiénique a éloigné les propriétaires, a renchéri les salaires outre mesure et, par la combinaison de la cherté du travail et de son improductivité, a amené le pays à cette situation désastreuse qu'avec trois fois moins de population que les pays voisins la Dombes est encore aujourd'hui trop peuplée pour sa production.

Avec son sol, ses eaux et son débouché, la Dombes devrait être riche et peuplée.

La population y est clair-semée, pauvre et fiévreuse; elle succombe avant l'âge à la misère autant qu'à la fièvre.

Voilà ce qu'ont fait de la Dombes, les étangs qui la couvrent encore.

Une culture qui n'a plus aujourd'hui de raison d'être, qui étiole et dévore la population du pays et celle des pays voisins, qui promène depuis des siècles sur la Dombes le double fléau de la misère et de l'insalubrité, cette culture a fait son temps, et il est urgent qu'elle disparaisse. La prudence conseille de ne pas trop précipiter une révolution légitime. Mais ce que peut, ce que doit faire l'étude impartiale des faits, c'est d'en éclairer la marche et d'en déterminer les conditions; raisonnablement elle ne saurait ni en nier la nécessité, ni en retarder l'heure.

CHAPITRE XI.

DESSÉCHEMENT DES ÉTANGS.

Nous savons que les étangs sont placés en dehors des conditions normales de la culture, qu'ils n'exigent qu'une somme minime de travail et que non seulement ils ne consomment pas d'engrais, mais qu'ils en produisent soit par la paille de l'assec, soit par la brouille de l'évolage. Dessécher un étang, c'est donc tarir une source d'engrais et replacer dans les conditions de la culture une surface donnée, c'est-à-dire l'appeler à jouir proportionnellement de la somme d'engrais et de bras dont la Dombes dispose.

Ce point rappelé, comment dessécher sans aggraver les conditions de la Dombes, sans affaiblir la masse déjà si insuffisante de ses engrais, sans augmenter les besoins d'un travail déjà cher et improductif, en un mot sans abaisser le produit du sol et exagérer encore le concours du travail, et, par suite de cette diminution de production et de cette exagération de la part faite aux salaires, sans ruiner de plus en plus la propriété et la culture?

Poser ainsi la question, c'est presque la résoudre. Si le desséchement n'avait pour résultat que d'étendre la surface arable et de réduire la masse des engrais, le desséchement serait un véritable désastre, et la ruine de la Dombes deviendrait inévitable. En vain le desséchement ramènerait-il des conditions hygiéniques meilleures, en vain le prix du travail s'abaisserait-il, le produit brut diminuerait dans la même proportion que les engrais. Les besoins de travail devenant plus impérieux, la Dombes ferait de plus en plus appel aux populations voisines; les salaires regagneraient par le nombre ce qu'ils auraient perdu sous le rapport du prix, et le produit diminuant à mesure que croîtrait la population, tout le produit passerait en salaires. La condition aujourd'hui exceptionnelle de quelques domaines dont la production ne suffit pas à payer la main-d'œuvre deviendrait la règle générale. La rente s'affaiblirait de jour en jour et finirait par disparaître; et il arriverait peut-être un moment où la production intégrale de la Dombes ne pourrait même plus nourrir sa population.

La situation actuelle de la Dombes n'est pas brillante ; mais tout espoir de jours meilleurs n'est pas perdu. Le dessèchement des étangs au profit de la surface arable aggraverait cette situation et la rendrait désespérée.

Ce n'est donc ni l'extension de la surface arable, ni l'augmentation immédiate de la population qu'il faut rechercher en Dombes ; c'est l'accroissement de la production, accroissement qui peut seul améliorer le sort des cultivateurs, des salariés et des propriétaires, et produire l'augmentation ultérieure de la population. Or, comme l'accroissement de la production dépend avant tout de l'augmentation des fourrages et des engrais, il faut tirer parti des étangs pour augmenter les fourrages et les engrais de la Dombes ; il faut convertir systématiquement les étangs en prairies.

Dans l'économie de la production agricole, le rôle des vallées est vraiment un rôle admirable. Par les végétaux qui la couvrent, la prairie soutire à l'air et aux eaux pluviales leurs éléments de fertilité, et les rend, sous forme de fourrages et finalement de fumiers, aux terres arables dont l'épuisement est sans cesse sollicité par les cultures industrielles et par les récoltes de céréales. Les prairies forment donc un des anneaux de la chaîne de composition et de décomposition à laquelle, dans ces dernières années, on a donné le nom de *circulus*. La substitution des étangs aux prairies rompt violemment cet anneau et brise cette chaîne. Ce n'est plus la vallée qui devient tributaire du plateau ; ce n'est plus elle qui emprunte la fertilité à ses réservoirs naturels et la verse incessamment, au fur et à mesure de sa formation, sur les terres arables qui l'utilisent ; c'est le plateau qui devient tributaire de la vallée, et qui, non content de s'épuiser incessamment sous l'action de la culture, verse encore à la vallée, sans profit pour elle et sans compensation pour lui, tous les éléments fécondants entraînés ou dissous par les eaux pluviales. Le régime des étangs a donc pour résultat de troubler l'ordre naturel des choses ; et alors même que la Dombes aurait, en dehors de ses étangs assez de prairies et de fumiers pour la culture de ses terres, ses étangs ne cesseraient de créer pour elle une situation dangereuse et pleine de périls : une foule de richesses continueraient à s'engloutir dans leur bassin.

Soit donc qu'il s'agisse de mettre la fumure en harmonie avec le travail, afin de rendre le travail fécond, d'accroître la production et d'élever ainsi tout ensemble le produit brut, la rente et le profit ; soit qu'il s'agisse de rétablir entre les vallées et les plateaux les rapports naturels et une harmonie indispensable pour les progrès ultérieurs de la production, il n'y a qu'une manière de comprendre le desséchement, c'est la conversion systématique des étangs en prairies.

Mais tous les étangs ne peuvent pas se convertir en prairies ; ni le sol pour quelques-uns d'entre eux, ni l'abondance et la qualité des eaux pour quelques autres ne se prêtent à cette conversion. On ne saurait guère évaluer qu'à la moitié de la surface totale des étangs de la Dombes, soit 7,000 hectares, la partie susceptible d'être utilement transformée en prés. Quant aux 7,000 hectares restant, il faudra en tirer parti non par la culture ordinaire déjà trop étendue en Dombes, mais par la production des bois et surtout par le pâturage.

Nous avons vu que les bois donnent en Dombes un produit annuel de 40 fr. par hectare, sur lesquels les salaires ne prélèvent qu'une somme de 10 fr. Le produit net de la surface boisée y est donc en moyenne de 30 fr., soit une somme sensiblement égale à la rente moyenne des étangs. La conversion en bois d'une certaine surface d'étangs n'abaisserait donc que fort peu la rente, et si elle ne diminuait pas dans une large mesure la somme de travail, elle aurait du moins pour résultat de reporter le travail à une époque plus opportune, d'en modifier les conditions et de le répartir plus convenablement.

Mais la conversion des étangs en bois demande du temps et des avances. C'est une opération à long terme, qui ne donnera des résultats qu'après une période de douze ou quinze années; et avec les exigences qu'entraînera le desséchement lorsqu'il sera sérieusement entrepris, il ne sera possible ni à la propriété ni à la culture d'attendre un revenu aussi éloigné. Le reboisement de la Dombes ne pourra donc jamais être que fort exceptionnel.

Le pâturage permettra d'utiliser le sol des étangs plus fructueusement peut-être et dans tous les cas beaucoup plus rapidement que ne sauraient le faire la culture arable et le boisement. Je ne veux pas parler de ce pâturage inintelligent qui consiste à abandonner le sol à lui-même, à le laisser envahir par les fougères ou les genêts, jusqu'à ce que toute production d'herbe ait disparu pour faire place à ces végétaux inutiles, mais bien d'un pâturage intelligemment conduit ou, pour mieux dire, d'une jachère pâturée.

Voici comment ce pâturage, pratiqué dans quelques domaines de la Dombes et surtout à l'Ecole impériale d'agriculture de la Saulsaie, peut être entendu.

On sème des graines de foin dans une avoine; on laisse subsister la prairie pendant quatre ou cinq ans, après lesquels on fait une jachère et l'on sème de nouveau une avoine et des graines de foin. Le produit de l'avoine paie largement les frais de jachère. La récolte de fourrages qui suit l'avoine peut être fauchée et donne un produit de 2,500 à 3,000 kilogrammes. Pendant le reste de la rotation, la prairie produit un pâturage équivalent à 15 ou 1,600 kilogrammes de fourrage, dont la consommation sur place soit par des moutons, soit par des bêtes bovines, réalisera une valeur annuelle et nette de frais de 30 à 35 francs par hectare.

Avec ce système, les conditions de travail ne seront ni plus impérieuses ni plus étendues que les conditions de travail des étangs. De plus le pâturage n'absorbera pas d'engrais; et, comme la culture des étangs, il en produira au profit des terres arables et contribuera ainsi, en dehors de la production animale qui lui est propre, à augmenter dans une assez large mesure la production des céréales.

Il faut bien remarquer d'ailleurs que les étangs qui devront être convertis en bois ou en pâturages, qui ne sont par conséquent pas susceptibles de faire des prés, sont les étangs ne pouvant disposer que d'une faible quantité d'eau et n'ayant qu'une couche d'alluvion peu épaisse et peu riche, c'est-à-dire les étangs d'une valeur inférieure; de sorte qu'en dernière analyse cette conversion, qui tournera plus directement à l'amélioration du pays, n'aura que fort peu altéré les conditions de la production sur l'emplacement des étangs.

En outre il n'est pas absolument nécessaire de convertir soit en pré, soit en bois, soit en pâturages, le sol même des étangs. Les étangs les moins riches valent presque toujours mieux que les terres du plateau; et il peut être plus avantageux de les cultiver en terres arables que de cultiver les terres arables actuelles. Il est seulement essentiel qu'à chaque hectare d'étang converti en terre corresponde un hectare au moins de terre converti soit en prairie, soit en bois, soit en pâturage. En Dombes, le domaine de la charrue est trop étendu, et les besoins du travail y sont trop

grands : il faut éviter à tout prix d'aggraver ces besoins et d'étendre la surface arable.

En un mot, le dessèchement devrait tendre à rame-
ner le territoire de la Dombes à la répartition suivante :

Prés....................	15,000	hectares.
Pâturages.............	11,000	—
Bois..................	12,000	—
Terres...............	34,000	—
Cours , chemins, etc....	3,888	—
Total............	75,888	hectares.

Avec cette répartition du sol, les besoins du travail
seraient plutôt restreints qu'augmentés, et la production des fourrages et par conséquent celle des fumiers serait au moins doublée.

Cette masse de fumiers améliorerait promptement
le sol et permettrait rapidement l'extension des récoltes fourragères. La répartition des cultures sur les
terres arables pourrait alors être celle-ci :

Fourrages verts (seigle, vesces, etc.).	4,250 hect.
Colza, pommes de terre, maïs.....	4,250
Blé..........................	17,000
Trèfle.......	8,500
Total.............	34,000

Le contingent de fourrages apporté par ces 13,000
hectares de trèfle et de vesces serait de plus de 40
millions de kilogrammes qui, joints aux 50 millions
de kilogrammes provenant des 15,000 hectares de

prairies naturelles, porteraient à 90 millions de kilogrammes les ressources en fourrages de la Dombes, et à plus de 300 millions de kilogrammes ses ressources en fumiers, soit une quotité annuelle de 2,700 kilogrammes de fourrages et de près de 9,000 kilogrammes de fumier par hectare de terre arable.

Avec cette fumure, la production du blé sera de près de 20 hectolitres à l'hectare, semence déduite; et les produits végétaux créés annuellement sur les 17,000 hectares de blé et les 4,000 hectares de plantes sarclées s'élèveront, en masse, à une valeur de plus de 8 millions de francs. Les produits animaux de la Dombes atteindront au *minimum* la moitié de cette somme. Réparti sur la surface totale, ce produit donnera une valeur moyenne annuelle de 160 à 180 fr. par hectare de superficie. La production de la Dombes aura donc plus que doublé. La rente pourra s'y élever à 60 ou 70 francs et il restera encore pour les salaires, l'achat de la chaux et le profit de la culture, une somme supérieure à la valeur du produit brut actuel en Dombes.

Par le dessèchement ainsi entendu, la population de la Dombes n'aura pas seulement conquis des conditions meilleures de salubrité, elle aura conquis l'aisance et la richesse, et pourra désormais s'accroître rapidement et sans danger : le pays pourra la nourrir. Elle aura d'ailleurs dans ses pâturages et dans ses bois des réserves qu'elle pourra entamer successivement,

au fur et à mesure que ses ressources en fourrages et
ses ressources en main-d'œuvre s'accroîtront. Au lieu
d'être comme aujourd'hui acculée dans une impasse
d'où elle ne peut sortir qu'après une période de crise
douloureuse, la Dombes se trouvera replacée dans
une voie normale. Elle pourra aspirer à tous les développements de richesse et de population dont les fumiers sont la condition essentielle et le signe infaillible, et elle trouvera dans le temps la sanction inévitable de tous les progrès.

Je vais dire rapidement quels sont les travaux à
exécuter, les dépenses à faire, les conditions d'argent
et de temps à remplir pour en venir là.

La conversion d'un étang en prairie ne parait pas
pouvoir se faire brusquement et sans l'intervalle de
quelques années de cultures préparatoires. Le sol des
étangs est riche en matériaux carbonés acides et il n'a
jamais été cultivé profondément. De là une série de
travaux ayant pour but d'augmenter la profondeur de
sa couche arable, de lui enlever par le chaulage et
par des expositions aux influences atmosphériques
son excès d'acidité, et de le doter d'éléments azotés
dont il ne parait pas être suffisamment pourvu.

Au point de vue des ouvrages d'art, rien n'est plus
simple que le dessèchement des étangs de la Dombes.
Il suffit à la rigueur, comme cela se pratique dans

la culture d'assec, de lever la bonde qui ferme l'orifice d'écoulement des eaux ou de la supprimer pour mettre un étang en culture régulière. Mais avec les pluies excessives de la Dombes, il n'est pas prudent de s'en tenir à cette simple mesure. Durant les grandes pluies en effet la section d'écoulement des eaux est fréquemment insuffisante à leur évacuation régulière, et de cette insuffisance de débouché résulte quelquefois durant la culture d'assec une inondation partielle et temporaire. Il devient indispensable en quelque sorte de faire disparaître cet inconvénient pour les étangs desséchés sans retour. Il suffit pour cela de couper la chaussée sur la bonde, d'enlever l'appareil d'écoulement et d'établir un ponceau en bois ou en maçonnerie, dans le cas peu fréquent d'ailleurs où la chaussée sert de chemin. J'estime en moyenne à 20 francs par hectare d'étang desséché la dépense à faire pour la coupure de la chaussée, l'enlèvement de la bonde et la construction peu souvent obligée d'un ponceau en bois ou en maçonnerie.

Il peut sembler en outre, et cela est vrai quelquefois, que les biefs n'ont ni la largeur ni la profondeur nécessaires à un système régulier de culture sans retour périodique de l'inondation, et qu'il convient dès lors d'augmenter leurs dimensions afin d'assurer la libre et complète évacuation des eaux qui alimentaient autrefois l'étang. Une somme de 10 francs par hectare me paraît devoir suffire à ce besoin.

Ces travaux indispensables exécutés, il reste une autre opération qui a son importance : c'est le comblement de la pêcherie et le nivellement des bas fonds qui avoisinent la chaussée.

On appelle *pêcherie* un espace rectangulaire attenant au bief à quelques mètres de la bonde, et creusé d'un mètre environ de profondeur. C'est dans cet espace, dont l'étendue est proportionnelle à la surface de l'étang, que s'accumule le poisson lorsqu'on vide l'étang pour la pêche. Placée en contre-bas du bief avec lequel elle est immédiatement en rapport, la pêcherie se remplit facilement de vase et garde toujours une certaine quantité d'eau. Si on la laissait subsister après le desséchement, on laisserait en permanence au milieu de l'étang desséché un marais, un foyer constant d'émanations nuisibles, et la salubrité publique pourrait en être affectée. Ce serait en outre un espace perdu pour la culture. La salubrité, l'intérêt de la culture demandent donc que la pêcherie soit comblée.

Un étang d'une étendue moyenne (12 à 15 hectares) a en général une pêcherie de 20 à 25 mètres carrés de superficie ; et il faut pour la combler emprunter à la chaussée 20 ou 25 mètres cubes de terres provenant de la coupure sur la bonde.

Enfin, dans le voisinage de la pêcherie, des fouilles ont été faites pour la création de la chaussée ; la surface primitive et régulière a été altérée, et des dépressions plus ou moins étendues subsistent encore. Il convient de rétablir autant que possible l'état primitif des choses et de reporter une partie de la chaussée dans ces bas-fonds.

Je ne conseille pas de faire disparaître intégralement les chaussées actuelles et de disperser les terres qui en proviennent sur la surface totale de l'étang. Si ce travail devait être fait à temps perdu, c'est-à-dire en utilisant les forces d'un domaine durant une période de chômage, rien de mieux assurément. Les chaussées ont été construites en grande partie avec de la terre végétale : leur épandage ne pourrait donc qu'être favorable au sol, si cet épandage ne devait pas coûter cher. Mais toutes les fois qu'il s'agira de transporter la chaussée à des distances excédant 100 mètres, et que ce travail d'enlèvement et d'épandage sera fait à prix d'argent, l'opération n'est pas à recommander. Pour le moment, je ne me préoccupe que des besoins immédiats, de ceux auxquels il doit être donné satisfaction pour que la mise en valeur de l'étang soit possible. A ce point de vue, le comblement de la pêcherie et des bas-fonds avoisinant la chaussée est seul nécessaire et doit seul figurer parmi les travaux indispensables du desséchement. Ce comblement fait, la culture est partout possible, les eaux ne stagnent nulle part à la surface.

J'estime à 20 fr. environ par hectare de superficie la dépense nécessaire au comblement de la pêcherie et au nivellement des bas-fonds avoisinant la chaussée.

Ainsi, avec une dépense moyenne de 50 francs par hectare d'étang à dessécher, l'écoulement des eaux tant intérieures qu'extérieures peut être assuré même dans les plus grandes pluies, et la culture est immédiatement possible.

L'écoulement des eaux de surface assuré, il y a lieu de se préoccuper de l'assainissement du sol ou du drainage. Bien que les étangs ne soient pas marécageux, ils contiennent une couche plus ou moins profonde d'alluvions perméables reposant sur un sous-sol compacte.

Cette couche d'alluvions absorbe les eaux pluviales en grande abondance et ne les cède que sous l'action de la chaleur et par l'effet de l'évaporation. Tous les étangs n'ont pas assurément un besoin absolu de drainage, surtout ceux qui sont destinés à être transformés en prairies. Mais c'est pour quelques-uns une nécessité dont il faut tenir compte; et je crois qu'on peut évaluer au tiers de la superficie totale des étangs la surface indispensable à drainer. Au prix de 240 francs par hectare drainé, le drainage figure pour une dépense approximative de 80 francs par hectare d'étang à dessécher.

Le défoncement doit marcher en première ligne après le drainage et doit se pratiquer sans exception sur tous les étangs desséchés pour être mis en prairies. Le labour dans les étangs n'entame depuis des siècles qu'une couche de 15 à 18 centimètres. Il est nécessaire de retourner plus profondément le sol, afin de l'exposer à l'influence bienfaisante de l'atmosphère.

Si le défoncement devait toujours se faire à prix d'argent par des entrepreneurs, on ne pourrait évaluer à moins de 50 à 60 fr. par hectare la somme de dépenses exigées par ce travail. Mais il est possible de le pratiquer sous certaines conditions que j'indiquerai, avec les ressources de la culture et les forces mêmes du pays. Je n'évalue pas ici cette dépense en argent.

Le chaulage doit être pratiqué à la dose de 70 à 80 hectolitres à l'hectare. C'est une dépense moyenne de 130 à 140 fr.

Ces divers travaux d'écoulement, de drainage, de défoncement et de chaulage, devront être exécutés durant la saison d'hiver et de printemps qui suivra le desséchement.

La culture préparatoire qui précédera l'ensemencement de la prairie dans les étangs susceptibles d'être mis en prés, pourra être celle-ci :

1re année.............. Jachère (1).

---

(1) Le défoncement se pratique avec succès au second labour de la jachère, et la chaux se répand sur le défoncement pour être enterrée au labour suivant.

2e année . . . .   Blé (fumure).

3e   id.   . . . .   Trèfle.

4e   id.   . . . .   Blé.

5e   id.   . . . .   Jachère et ensemencement après fumure.

Ce système de culture exige donc cinq années de préparation, deux années de jachère, deux fumures et les frais d'un ensemencement.

Il produit deux récoltes de blé et une de trèfle. Cette dernière sera très-abondante, si l'étang a été chaulé comme je l'ai dit.

On peut admettre que le produit des récoltes de blé et de trèfle suffira à payer les frais du défoncement, les deux années de jachère et l'une des deux fumures, et que les cultivateurs de la Dombes, à la condition de se réserver exclusivement ce produit, se chargeront de l'exécution de ces divers travaux.

Le propriétaire qui voudra dessécher devra faire en outre les frais d'une fumure et les frais de l'ensemencement; il devra de plus se résoudre à se passer de la rente des étangs durant toute la période de transformation, c'est-à-dire durant l'espace de cinq années.

Ces diverses dépenses peuvent être évaluées ainsi:

Fumure. . . . .   120 fr.

Achat de graines pour ensemencement. .   70

Perte de rente.   175

Total.   365

Enfin, je dois ajouter 100 fr. environ pour les travaux d'irrigation et pour la distribution régulière des eaux qui alimentaient autrefois l'étang.

Les travaux nécessaires à la conversion d'un étang en prairie entraîneront donc pour le propriétaire les dépenses suivantes :

Travaux d'écoulement des eaux superficielles...............................	50 fr.
Drainage.................................	80
Chaulage.................................	130
Culture préparatoire et ensemencement..	365
Irrigation...............................	100
Total...................	725

Dans les étangs non susceptibles d'être transformés en prairies, destinés par conséquent au pâturage, les travaux de dessèchement ne comprendront plus que les frais de coupure de la chaussée, de curage des biefs, de nivellement des bas fonds et de comblement de la pêcherie, soit une somme de 50 fr. environ par hectare. Ni le drainage, ni le chaulage, ni le défoncement ne seront nécessaires, à moins qu'on ne transforme ces étangs en terres arables pour reporter les pâturages sur les terres arables actuelles. L'ensemencement lui-même qui devra se faire dans la récolte d'avoine pourra se pratiquer au moyen des fenasses fournies par la culture.

Les 14,000 hectares d'étangs de la Dombes exigeraient donc en dépenses de desséchement, ou plutôt en avances spécialement mises à la charge de la propriété de la Dombes, une somme totale de moins de six millions, savoir :

7,000 hectares de prés à 725 francs.   5,075,000 f.

7,000   id.   de pâturages à 50 francs.   350,000

Total. 5,425,000

soit une somme égale à la rente totale des étangs pendant douze années consécutives, et à la rente totale du sol en Dombes, défalcation faite de l'impôt, pendant quatre années.

Moyennant cette dépense et avec un système de culture approprié à ces nouvelles conditions agricoles, c'est-à-dire avec la substitution des cultures fourragères à la jachère, la rente moyenne du sol de la Dombes s'élèverait au *minimum* à 50 fr. par hectare, et l'augmentation totale de la rente serait de deux millions.

On remarquera que je n'ai pas tenu compte des dépenses de construction nécessaires au logement du bétail, des fourrages, etc. Je pense en effet que le bétail existant aujourd'hui peut consommer très-fructueusement les fourrages qui seront produits par le nouveau système de culture. Quant aux fourrages, les cultivateurs Dombistes apprendront sans doute à les conserver en meules durant la majeure partie de l'année. Si des besoins urgents se manifestaient d'ailleurs sous ce rapport, ce ne serait qu'à la dernière période de la transformation, alors que la rente serait déjà assez élevée pour que la propriété pût en prélever annuellement une part importante et la consacrer à l'extension des bâtiments au fur et à mesure des besoins.

Quelque rationnel et avantageux que soit le dessèchement des étangs de la Dombes, cette transformation ne peut donc s'opérer sans capitaux.

J'ai supposé d'ailleurs que certains travaux de dessèchement, notamment ceux de culture préparatoire, pourront être exécutés par les cultivateurs en échange des produits en grains et fourrages fournis par le sol durant la période de préparation. Mais ces travaux ne pourront être entrepris par la culture que sur une faible échelle. Elle a des travaux ordinaires dont elle ne saurait se dispenser à aucun point de vue, et il ne lui sera possible dès lors d'appliquer à ces travaux extraordinaires qu'une partie restreinte des forces dont elle dispose.

Il en est de même sous le rapport de la fumure.

Si la culture de la Dombes ne peut fumer qu'une seule fois les étangs destinés à être mis en prairie, c'est qu'elle manque déjà de fumiers pour ses terres et qu'elle ne peut affecter aux étangs que les engrais produits par la culture du trèfle. Elle se ruinerait et ne pourrait payer de rente, si elle se privait d'une quantité notable de ses fumiers pour les appliquer au desséchement.

Mais ce surcroit de fumier nécessaire à la création de la nouvelle prairie, où le trouver, si le pays et la culture ne peuvent le fournir? Comme la chaux, il faut l'importer du dehors. Le guano, par sa richesse ammoniacale sous un faible volume et par les facilités d'achat et de transport qu'il présente, me paraît merveilleusement convenir dans ce cas. On pourrait le répandre au printemps sur la prairie ensemencée en automne: il communiquerait à la végétation une vigueur qui lui permettrait d'attendre l'époque des arrosages et qui assurerait le succès de la prairie.

Des considérations qui précèdent je tirerai une conclusion importante : c'est que, contrairement à une opinion souvent émise, le desséchement des étangs ne saurait être imposé ou entrepris brusquement sur toute la surface de la Dombes.

La première difficulté à laquelle se heurterait une mesure impérative de ce genre, serait celle de réunir les capitaux nécessaires au desséchement. Six millions, c'est la rente totale de la Dombes durant quatre années; et bien que la propriété y soit riche, on ne saurait raisonnablement exiger d'elle de se passer absolument de tout revenu foncier durant cette période. — Ces capi. taux trouvés, il faudrait les employer utilement. Or chaque hectare d'étang desséché exige, au moins momentanément, un surcroît de travail, et un surcroît de fumure. La fumure, on peut la tirer de l'extérieur. Mais il faudra bien demander le surcroît de travail à la Dombes, qui déjà n'a pas assez de main-d'œuvre pour sa culture.

Le desséchement est nécessaire : il sera utilement fait s'il est dirigé dans le sens que j'ai indiqué. Mais il est actuellement fort difficile et ne peut être entrepris que sur une petite échelle et conduit progressivement. Ce n'est que lorsqu'une certaine étendue d'étangs aura été consacrée à la production des fourrages que le desséchement deviendra facile. De nouveaux fourrages augmenteront le fumier disponible ; et comme le fumier est le principe de la production et l'élément fécond du travail, ce surcroît de fourrages et de fumier permettra l'accroissement de la population, et rendra progressivement solubles ces difficiles questions de travail, de fumure et même de capital. A proprement parler, la question du desséchement ne sera plus une difficulté lorsque 3,000 hectares de prés nouveaux auront été créés sur l'emplacement des étangs. Le grand point, c'est d'arriver à ces 3,000 hectares de prairies nouvelles.

Un autre projet de desséchement a été souvent prôné : je veux parler de celui qui consisterait à créer de nouveaux domaines sur l'emplacement des étangs.

Il suppose par conséquent des constructions préalables, une nouvelle population, un nouveau bétail.

Ce système est tout bonnement impossible. Des constructions nouvelles antérieures à tout travail de dessèchement auraient pour résultat d'immobiliser au moins 3 millions de valeurs (300 domaines à raison de 10,000 francs). Il faudrait consacrer ensuite en capital d'exploitation une somme au moins égale, et importer dans la Dombes une population valide de 3 à 4,000 travailleurs. Ces difficultés levées, les travaux de dessèchement resteraient à faire ; et si chaque hectare d'étang desséché doit, pour être mis en état de culture, absorber moyennement, comme nous l'avons vu, 4 à 500 francs de capitaux, c'est une nouvelle somme de 6 à 7 millions à consacrer aux travaux de dessèchement.

Ces capitaux pourraient à la rigueur se trouver en Dombes. Mais la population valide, où la prendre, comment l'importer, et avec quoi la nourrir durant la période de transformation ?

Puis, la distraction des étangs et leur séparation des domaines actuels appauvrirait ces domaines. Le pâturage et les pailles des étangs sont une ressource précieuse pour la culture actuelle; et l'exploitation d'un grand nombre de domaines est intimement liée à l'exploitation des étangs. Le plus grand nombre de ceux qui sont entre les mains des fermiers sont dans ce cas. Enlever le sol des étangs à ces domaines serait donc modifier profondément leurs conditions d'existence, les priver d'une source d'engrais, abaisser leur produit et finalement appauvrir encore le pays et la population actuelle.

J'ajouterai que, si les nouveaux domaines devaient être constitués sur les mêmes bases que les domaines existants, tous ces travaux, toutes ces dépenses n'auraient abouti qu'à étendre à une surface plus considérable les conditions misérables de la culture actuelle de la Dombes, à abaisser le chiffre total de la rente et à enlever aux cultivateurs la principale source de leurs bénéfices. Là n'est pas le progrès.

Ce qu'il faut en Dombes, ce n'est pas l'extension du système actuel de la culture, c'est une véritable révolution agricole ; c'est la substitution d'une culture qui emprunte ses plus puissants moyens de production à la fumure, la substitution de ce système à celui qui prétend ne les tirer que d'une main-d'œuvre rare et improductive, par conséquent deux fois chère. La conversion systématique des étangs en prairies sera le principal levier de cette révolution ; et le dessèchement progressif, la voie la plus rationnelle, la moins coûteuse et dans beaucoup de cas la seule possible pour arriver à cette conversion.

CHAPITRE XII.

EMPLOI DU CAPITAL EN DOMBES.

Bien que la culture doive profiter dans une large
mesure des bienfaits du desséchement et de la transformation agricole qui en sera la conséquence, la culture ne peut faire aucun sacrifice pour le dessèchement. Elle n'a pas d'avances, elle n'a même presque
pas de capital d'exploitation, elle manque d'initiative;
et comme la source principale de ses profits actuels
réside presque exclusivement dans l'exploitation des
étangs, elle serait fatalement conduite à devenir l'ad-
versaire irréconciliable du desséchement, si le desséchement devait porter à ses intérêts un préjudice
momentané et entraîner pour un laps de temps quelconque la suppression de ses profits. C'est là un dan-

ger à éviter, et dans ce but il faut intéresser la culture au desséchement, lui faire, durant la période de transformation, des conditions avantageuses et l'amener ainsi à servir, dans la mesure de ses forces, la cause du progrès.

Cette impuissance des cultivateurs implique forcément pour les propriétaires la nécessité de ne compter que sur eux-mêmes, pour opérer l'amélioration hygiénique et agricole de la Dombes. Non seulement la propriété devra faire toutes les avances du desséchement, mais elle devra encore fixer les conditions d'emploi de ces avances, et déterminer la direction à suivre par la culture. L'initiative lui revient de droit sous ce rapport, soit à raison des intérêts qui sont engagés pour elle dans la question, soit surtout parce que la révolution dont le desséchement est le moyen, ne peut être entreprise que par elle.

Le desséchement des étangs créera donc pour la propriété de la Dombes une situation nouvelle. Les propriétaires devront désormais, sinon s'implanter dans le pays, au moins y faire des apparitions fréquentes et surveiller attentivement l'emploi judicieux des capitaux que le desséchement exige. Ils devront du moins faire choix d'agents actifs et intelligents, et porter dans les stipulations soit de baux, soit de traités faits à cette occasion, une prévoyance active.

C'est pour répondre à cette situation nouvelle que je crois devoir dire quelques mots de la marche à suivre par les propriétaires qui voudront améliorer leurs domaines avec le plus de fruit et le moins de dépenses. Les propriétaires de la Dombes sont généralement fort peu agriculteurs et ils doivent cependant le devenir. Quelques conseils à leur adresse ne me paraissent pas superflus. Si je me répète ou semble me livrer à des démonstrations sans utilité, je prie le lecteur de me pardonner ces répétitions et ces longueurs. Je me suis avant tout proposé d'être utile, et je ne puis l'être qu'en déterminant chez les propriétaires de la Dombes une *conviction* sérieuse et complète.

Jusqu'ici j'ai cherché à démontrer, autant que j'ai pu le faire, que l'amélioration de la Dombes ne peut résulter que de l'accroissement de la production et d'une meilleure répartition du produit entre le propriétaire, le cultivateur et le salarié. La conversion des étangs en prairies réalise ces deux conditions : par la salubrité, elle ramène le prix du travail à une juste mesure et abaisse dans la répartition du produit la quote-part des salaires ; par l'accroissement des fumiers, elle détermine l'accroissement de la production. Pour que l'amélioration du sort du propriétaire et du cultivateur résulte de l'accroissement de la production, il est nécessaire toutefois que la population de la Dombes ne s'accroisse pas dans le même rapport que sa production. Avec une augmentation proportionnelle de population, l'excédant de produit servi-

rait exclusivement à la consommation de la population nouvelle, et la situation du propriétaire et du
cultivateur n'aurait pas changé. Il faut donc accroître
la production de la Dombes avec ses éléments actuels
de population, sans avoir recours, comme on l'a si
souvent proposé, à une importation artificielle de nouveaux travailleurs.

Mais si la salubrité et l'accroissement des fumiers
sont les deux conditions à réaliser pour l'amélioration
de la Dombes, l'une de ces deux conditions est actuellement beaucoup plus urgente et plus impérieuse que
l'autre; et ce n'est pas, comme on serait tenté de le
croire, la salubrité, mais bien l'accroissement des fumiers. La salubrité est pour la Dombes d'une importance que je ne veux pas nier; mais elle ne pourra
être définitivement conquise que par le desséchement
absolu de tous les étangs; ce sera en quelque sorte le
couronnement de l'œuvre. L'accroissement des fumiers au contraire n'est pas seulement un but à poursuivre; c'est avant tout un moyen d'atteindre rapidement le but, d'arriver rapidement à la salubrité elle-
même. Le desséchement ne peut être utilement entrepris qu'à la condition d'un accroissement de fourrages et de fumures, et dans la mesure même de cette
augmentation. Il en résulte donc que la question hygiénique de la Dombes est étroitement subordonnée à
la question agricole, et que, quelque soit le point de

vue où l'on se place, on est forcément conduit à cette conséquence que la production du fumier est le besoin le plus absolu de la Dombes, et que la satisfaction de ce besoin entraîne la solution complète de toutes les difficultés.

S'il en est ainsi, le desséchement des étangs n'est plus la seule opération à faire pour la transformation de la Dombes; tous les travaux, tous les systèmes qui aboutiront soit à augmenter la quantité des fourrages, soit à améliorer la préparation des fumiers, devront être regardés comme d'une égale importance.

Avant tout, il faut réformer le système de préparation du fumier dans un grand nombre des domaines. J'ai dit déjà que la Dombes, si pauvre actuellement en fumier, en perd la majeure partie; que le tas disposé fréquemment sur un sol en pente ne subissait, par suite du défaut de manipulation, qu'une fermentation irrégulière, et que les purins, lorsqu'ils ne sont pas entraînés par les eaux pluviales, viennent parfois former aux portes mêmes des maisons des foyers d'exhalaisons malsaines. A quoi servirait de produire beaucoup de fumier si l'on devait le laisser, comme aujourd'hui, se dissoudre par les eaux pluviales ou s'évaporer dans l'air sous l'influence de la chaleur? Ce serait perdre volontairement une richesse considérable et dilapider le capital représentant la valeur de cette richesse.

Le premier capital à employer dans un domaine,

le premier travail à y faire, doit donc avoir pour but un système convenable de préparation du fumier. Bien que cette préparation, pour être profitable et complète, demande quelques manipulations et que la main-d'œuvre soit rare en Dombes, il est absolument nécessaire de faire ces manipulations et d'y consacrer une partie de la main-d'œuvre dont la Dombes dispose. Dans un pays où le sol est fréquemment très-imperméable, l'établissement d'une fosse à purin et la disposition d'un emplacement convenable ne coûteront jamais au-delà de quelques centaines de francs. Mais la dépense d'établissement dût-elle être décuple, on peut dire hardiment qu'il ne saurait y avoir dans un domaine un capital mieux placé et par conséquent plus productif.

Ce système de préparation du fumier une fois introduit dans un domaine, tous les efforts de la propriété et de la culture devront tendre à augmenter la quantité des fourrages et des fumiers.

La conversion des étangs en prairies ou en pâturages mènera directement à ce but. Cette conversion ne peut être que progressivement entreprise, et seulement au fur et à mesure que de nouvelles prairies ou de nouveaux pâturages auront créé de nouvelles sources d'engrais et de forces qu'il sera possible d'appliquer au desséchement. Bien compris, le desséchement ne sera ni très-coûteux, ni très-long : les ressources que four-

niront les premiers étangs desséchés iront en croissant
progressivement; ce sera en quelque sorte une force
qui se multipliera par elle-même. Mais mal compris,
entrepris brusquement sur une vaste surface, le desséchement entraînera une perturbation profonde dans
l'économie d'un domaine et multipliera les difficultés.
S'il m'était permis de comparer les petites choses aux
grandes, je rappellerais ici aux propriétaires de la
Dombes l'admirable tactique révélée à l'Europe par
Napoléon dans ses campagnes d'Italie : au lieu d'affron-
ter en bataille rangée plusieurs corps d'armée dont les
forces numériques réunies eussent écrasé ses soldats, le
plus grand capitaine des temps modernes, suppléant à
l'infériorité du nombre par la promptitude et l'audace
des conceptions, isolait ces corps d'armée ou les em-
pêchait de se réunir et les battait l'un après l'autre.
Le desséchement n'est point une bataille meurtrière
d'où dépende le sort d'un Empire, et qui exige des
combinaisons savantes ou le déploiement d'une énergique activité ; mais toute comparaison mise à part, il
faut observer dans la transformation d'un domaine
une sorte de stratégie ayant quelqu'analogie avec celle
de Napoléon. Au lieu d'accumuler les difficultés et de
se heurter de front devant leur faisceau, il faut les
prendre une à une et les surmonter en détail.

A côté du desséchement, d'autres opérations sont
également importantes et doivent marcher de front. Je

citerai en premier lieu la substitution des cultures fourragères à la jachère. Le trèfle réussit convenablement en Dombes après le chaulage ; et si la seconde coupe y souffre parfois de la sécheresse, la première y est presque toujours magnifique. Les vesces, le seigle, le trèfle incarnat y réussissent également, et il n'est pas jusqu'au lupin cultivé comme engrais vert, qui ne puisse dans des cas donnés rendre des services en accroissant la masse des fumiers de la Dombes.

Les améliorations foncières ne doivent elles-mêmes être entreprises en Dombes qu'en vue de l'augmentation du fumier. Le drainage doit être appliqué de préférence aux prairies marécageuses, et il ne faut pratiquer le chaulage qu'à la condition expresse de la substitution des cultures fourragères à la jachère.

J'ai déjà dit quelques mots des constructions en Dombes et suffisamment déterminé le caractère qui doit y présider. Elles doivent se réduire aux besoins les plus stricts, surtout au commencement de la transformation, alors que des travaux plus urgents et surtout plus productifs réclament si impérieusement les capitaux du propriétaire. Par sa position aux portes d'une grande ville, par la variété de ses aspects, par la grandeur et l'étendue des lointains qui la dominent, la Dombes est destinée à devenir le lieu de villégiature des riches industriels de Lyon. Mais avant que ce temps arrive, avant que la Dombes voie se multiplier dans ses vertes campagnes les maisons de plaisance et les châteaux, il faut que le pays devienne salubre, que le produit s'accroisse, que la population augmente et que la rente s'élève. Jusque là, la propriété devra sacrifier le moins possible aux constructions qui ne créent pas la richesse, qui ne servent qu'à l'immobiliser. Les besoins indispensables satisfaits, les constructions sont la dernière chose à laquelle il faille songer en Dombes.

Non seulement le cultivateur qui viendra s'implanter dans le cœur de la Dombes pour s'y livrer aux travaux de la culture et du desséchement, devra suivre les règles que j'indique ici ; mais il est absolument indispensable de diriger encore les cultivateurs dans cette voie. La rédaction des baux doit être conçue de façon à opérer une pression en ce sens. Les propriétaires devront s'y réserver la clause expresse de la résiliation à volonté, toutes les fois que les stipulations du bail ne seront pas strictement exécutées.—S'ils font des avances pour l'achat de la chaux, que ce soit à la condition formellement énoncée de substituer les cultures fourragères à la jachère sur toute la surface chaulée.—Aménagement du fumier actuel, augmentation de la masse des fumiers par tous les moyens possibles, voilà la règle qui doit guider la propriété et la culture en Dombes et à laquelle doivent se subordonner tous les rapports à intervenir entre les propriétaires et les cultivateurs. Le fumier est la véritable source de la richesse; et avec la richesse tous les autres biens, salubrité, aisance, population, etc., viendront à la Dombes par surcroît.

Il ne me reste plus qu'à justifier, par des exemples puisés dans le cœur même de la Dombes et dans les riches vallées qui l'entourent, les idées émises dans le cours de ces *Etudes*, et à joindre ainsi, à la démonstration théorique que je viens de faire, la démonstration par les faits.

Ce sera l'objet de la seconde partie de cet ouvrage.

TABLE DES MATIÈRES.

CHAPITRE IV.

CONSTITUTION DE LA PROPRIÉTÉ.

CHAPITRE V.

CONSTITUTION DE LA CULTURE.

CHAPITRE VI.

DES ÉTANGS.

CHAPITRE VII.

HISTOIRE DES ÉTANGS.

CHAPITRE VIII.

DU BÉTAIL.

CHAPITRE IX.

DES CULTURES.

CHAPITRE X.

DU PRODUIT BRUT ET DE SA RÉPARTITION.

CHAPITRE XI.

DESSÉCHEMENT DES ÉTANGS.

CHAPITRE XII.

EMPLOI DU CAPITAL EN DOMBES.

Bourg, imprimerie de Frédéric Dufour.